如何摆脱
煤气灯操控

[美] 罗宾·斯特恩 (Robin Stern) ◎著　曲玉萍◎译

中国出版集团
中译出版社

THE GASLIGHT EFFECT RECOVERY GUIDE: Your Personal Journey Toward Healing from Emotional Abuse

Copyright © 2023 by Robin Stern, PhD

All rights reserved including the right of reproduction in whole or in part in any form.

This edition published by arrangement with Rodale Books, an imprint of Random House, a division of Penguin Random House LLC

Simplified Chinese translation copyright © 2025 by China Translation & Publishing House

著作权合同登记号：图字 01-2024-4077 号

图书在版编目（CIP）数据

如何摆脱煤气灯操控／（美）罗宾·斯特恩著；曲玉萍译 . -- 北京：中译出版社，2025.2. -- ISBN 978-7-5001-8129-3

Ⅰ . B84-49

中国国家版本館 CIP 数据核字第 2025QG2345 号

如何摆脱煤气灯操控

RUHE BAITUO MEIQIDENG CAOKONG

著　　者：	[美] 罗宾·斯特恩（Robin Stern）
译　　者：	曲玉萍
策划编辑：	魏菲彤
责任编辑：	刘　畅
营销编辑：	赵　铎　任　格
版权支持：	赵　青

出版发行：	中译出版社
地　　址：	北京市西城区新街口外大街 28 号普天德胜大厦主楼 4 层
电　　话：	（010）68002494（编辑部）
邮　　编：	100088
电子邮箱：	book@ctph.com.cn
网　　址：	http://www.ctph.com.cn

印　　刷：	山东新华印务有限公司
经　　销：	新华书店
规　　格：	1230 mm×880 mm　1/32
印　　张：	11.5
字　　数：	280 千字
版　　次：	2025 年 2 月第 1 版
印　　次：	2025 年 2 月第 1 次印刷

ISBN 978-7-5001-8129-3　　　　定价：79.00 元

版权所有　　侵权必究
中　译　出　版　社

本书献给斯科特和梅丽莎，你们永远是我最特别的"礼物"。也献给那些心灵遭受煤气灯效应破坏的人，她们要么迷失自我，要么因操控者而苦苦挣扎于破碎的自尊。由衷感谢所有和我一起踏上摆脱煤气灯操控之旅的人，你们都是我的老师。

前言

"煤气灯操控"这个词无所不在。我们最早是在 2016 年美国总统大选前夕听到它的,因为我们亲眼见证了后来被矢口否认的事实,也在社交媒体活动中见识了想利用它操控大众的虚假网络宣传。同年,当我为《煤气灯效应》的再版写引言时,美国方言学会把"煤气灯"列为"2016 年度最实用新词"。2018 年,"煤气灯操控"成为牛津大学出版社排名第二的"年度流行词"。2022 年,当我在写这本《如何摆脱煤气灯操控》时,有好几部热播剧是以"煤气灯操控"为主题的:讲骗子交际花的《虚构安娜》,关于"水门事件"的《煤气灯》,以及有关一家顶级素食馆及其食客遭遇的纪录片《纯素败类》。南方小鸡乐队最近发行了一张名为《煤气灯操控者》的新专辑,而创作型歌手塔克的新歌"不由自主",也是从煤气灯效应受害者的视角写的(我很荣幸参与了歌曲关于煤气灯操控的和声部分)。

虽然"煤气灯操控"对很多人来说,是个新概念,但我在这一领域已经探索了 30 多年。出书之前,我为许多受到煤气灯操控的来访者做过心理咨询。2007 年,我的书首次出版时,我创造了"煤气灯效应"一词，并让大家关注到了煤气灯操控对人生造成的影响。2019年，我为沃克斯新闻撰写的关于煤气灯操控的文章，如今在谷歌搜索关键词"煤气灯操控"结果排名中非常靠前，有上千篇在线文章都链接到这篇文章。书再版后，被翻译成15种语言，我也常接到世界各国媒体的采访。

更重要的是，我每周都会和来访者，以及国内外听众谈心，也会收到一封又一封求助邮件，来自经历过煤气灯操控，或正深受其苦的人。我写这本《如何摆脱煤气灯操控》，是为了献给这些年每个与我谈过心、给我写过信，以及所有想写信却没写的人。

现在，机会由你掌握——这是一次自我探索的机会，一次深入了解煤气灯操控的机会，一次规划自我康复的机会。很荣幸能和你一起度过这段时光。

引言

亲爱的读者，我希望你能通过本书，来探索并解决所有让你困惑、艰难和痛苦的煤气灯操控关系，找回真实的自我。你也许正恼火，担心你的煤气灯操控者会继续口不择言；或者比这更糟，你可能觉得精神备受煎熬，自己早不再是那个遇到操控者之前的自己了。也许你的生活已变得毫无乐趣。不管这是从何时开始的，我相信你一定会通过理解双人跳的"煤气灯探戈"，找到内心的平静。

2007 年，我出版《煤气灯效应》一书时，还很少在大众流行语境里听到"煤气灯操控"一词，但我每天都能在心理诊所和朋友圈里，见到被它破坏的人生。我会接到一封又一封求助信，求助者写道："是的，我读了你的书，也明白自己正在被煤气灯操控。我知道它让我痛苦，摧毁了我的精气神——可为何我还在接受它？我又该如何摆脱它？"

我很乐意在本书中为你提供帮助和资源，而自我探索、深入理解个人心理动态，以及积极的自我康复，则由你来掌握。我强烈建议你一页一页、一步一步地投入阅读，每次获得一种见解和多种情感。从一段受虐待的关系中治愈，并非易事，但如果你想向前看并重启生活，这是必须做的。

我会陪你做出每一步改变，渡过难关。我相信你有足以从煤气灯操控中恢复过来的潜力，开启健康、有爱、充满尊重的新生活。我为你加油！

什么是真的？

煤气灯文化——当今文化下，人们比以往任何时候都更加焦虑，于是煤气灯操控无孔不入。我们被大量新闻和信息淹没，虽然意识到它们可能不准确，因为其经常前后矛盾，缺乏根据。

我们被混乱的信息包围，造成了个体和文化上的困惑。

- 尽管"芭比娃娃现象"早已成为过去，但大量广告还在坚持不懈地告诉女性必须凭借身材和美貌吸引男性。这些广告也在暗示大家，女性若想享受生活、心满意足，就必须听男人的。
- 在疫情居家隔离、靠网络连接世界期间，社交媒体满足了我们想要和其他人保持联系的本能愿望。然而，它也让我们看到了消极的社会比较和公然的霸凌，这可能导致焦虑、有害的自我评价、饮食紊乱，以及抑郁。很多网红装作从未用过滤镜来美化形象，这也造成大众越发苛刻地挑剔自己的身材和相貌。
- 从媒体角度看，单纯报道事实变得越来越罕见，传播混淆、分裂和公然敌意的种子成了一种可接受的趋势，因为那些"舆论导向新闻"试图让网友相信，我们亲眼所见的事实并未真正发生过。
- 在职场，经理向员工许诺晋升，却将员工排除在高层会议之外，甚至将业绩据为己有。谁都知道他们不作为，但上层对此却睁一只眼闭一只眼，他们只要业绩达标、节省开支，个人和政治小团体得到维护就行。
- 学校领导总对家长说，不要给孩子太多成绩上的压力，应该关注他们的兴趣爱好。但每个人都明白，分数和排名决定了一个学生的前途。
- 政客常为他们的举措找理由，然后中途又为了政治目的转换立场，给出自相矛盾的理由，只字不提这就是新的"政党路线"。这简直成了他们的家常便饭。

在这种社会氛围下，我们越来越不确定我们所相信的，我们有更多机会质疑我们所熟知的，因此比以往任何时候都更容易受到煤气灯操控。当煤气灯操控发生在自家这种私密场所时，最让人痛苦；但当它涉及政客、行业领袖、公众人物和记者时，他们可能会统一口径，让我们以为那些已经被镜头记录下来的事未曾发生。看起来，公然撒谎如今已成了可被接受的选择，而且不需要负什么责任。

我们没有被鼓励去探索或构建自己眼中的现实，而是被各种要求强烈轰炸，命令我们忽略自己看到、感受到的，全盘接受对方正在推销的观点和需求。

从这个意义上讲，我认为我们正活在一种"煤气灯文化"中，故意操控他人对现实的看法已经成为如今美国政客常见的做法。可悲的是，我们也习以为常了；不幸的是，这些摧毁灵魂的谎言，也会让我们在个人关系中更容易受到煤气灯操控。

意想不到的开悟时刻

读到这里，你想到了什么？在这里记录下自己的真实想法。

_____

_____

本书适合以下人群

- 想了解什么是煤气灯效应，以及自己是否正处于煤气灯操控关系中的人。
- 怀疑自己正被情感操控，但又无法确认的人。
- 对社会上无孔不入的混乱信息感到不知所措的人。
- 正在寻求解决办法，想从不健康的或有虐待倾向的关系中解脱的人。
- 想重获快乐、创造力以及强大自我的人。

- 想亲身经历一次，用来提高自我意识，学会如何应对的人。
- 想知道如何在生活中辨别潜在的不健康关系的人。
- 想加强自我意识，觉察到自己的负面情绪和消极行为的人。
- 卷入了一段让人不舒服的、有害的、不健康的关系，想知道如何才能改变它的人。

写下你自己的想法

你为何要看这本书？你想从书中收获什么？

我想要_____

_____

_____

如何使用本书

本书采用和读者直接对话的形式。我希望能为读者提供有意义、有启发的阅读体验。把本书当作一场个人心灵之旅吧，虽不是心理治疗，却是治愈的过程。作为深度个人探索和互动体验，书中呈现了《煤气灯效应》里的各种关系行为和做法，结合所有信息和上下文，充分发挥你的勇气、内省力和意志力，理解并用于你个人的治愈过程。

有三种不同的方式来使用本书。

配套练习书

你可以将本书作为《煤气灯效应》一书的配套练习书，逐章对照着看。我建议你看的时候放慢速度、充分理解，让自己有时间细细体会每本书的不同之处，思考并记录下你的想法及感受。

个人独特体验

或者，你可以将本书作为一次独特的个人之旅，选择完全专注于自我探索、个人成长和人际关系。有时，这种探索会让你沉浸在自己的经历和回忆中，你可能会觉得它让你暂时背离了摆脱煤气灯操控学习过程中受到的理性训练。不过别担心，我会帮你重回正轨，进一步了解如何识别、避免煤气灯操控式的关系，并从中疗愈。

两种独特而强大的体验

还有一种选择，就是先读《煤气灯效应》这本书，弄懂煤气灯操控以及案例材料中描述的不同关系，然后结合本书中学到的知识和你自己的感受反应，深入分析个人经历。

也可根据你自己的选择，三种方式随意搭配使用。无论想以哪种方式体验这本工具书，你都会更加了解煤气灯操控隐秘的、无孔不入的危害。当你阅读本书时，会对自己以及你的人际关系有全新的理解，并学会要怎样做才能改善你的亲密关系圈。

引言

我对你的唯一请求，就是尽最大努力把整个自我带到体验中，而且要鼓励、诚恳面对以及善待自己。相信我，你并不孤单。我们都在各自的人际关系中，有过充满挑战和痛苦的时刻——也都在寻求对自我的治愈。

在开始之前，让我们做一个关于以前的快速练习，在你的疗愈之旅结束时，我们将重复这个练习。

你以前的反应

（请写下你对以下评价的回应，想象有人刚刚对你说过这句话。）

1."你反应过度了，大家都认为你有点儿过了！"

2."你太不理智了……又这样！我跟你说这些都是为了你好。"

3."如果你把我放在心上，就不会在饭店打烊后才赶来。"

4."我从没对你说过那种话，你一定是失忆了。"

5. "你看不出那些人是怎么看你的吗？你明明就是在打情骂俏——承认吧！"

目录

第一章	什么是煤气灯效应？	001
第二章	煤气灯探戈	033
第三章	第一阶段："你在说什么？"	061
第四章	第二阶段："或许你说得有道理。"	095
第五章	第三阶段："都是我的错！"	135
第六章	关掉煤气灯	167
第七章	走还是留？	193
第八章	远离煤气灯	219
第九章	呼唤快乐	235
附录一	职场中的煤气灯操控	273
附录二	家庭中的煤气灯操控	303
附录三	照顾好你的心身健康	331
附录四	快速指南	337
致谢		345

第一章

什么是
煤气灯效应?

本章，我们将探讨煤气灯效应，识别煤气灯效应，以及表明你正处于煤气灯操控关系之中的蛛丝马迹。为了更清楚前因后果，我们将深入探讨煤气灯操控的发展阶段，以及三种最常见的煤气灯操控者。我建议你运用自己的智慧、直觉、敏感度和洞察力，开启这场特别的个人心灵之旅。

什么是煤气灯操控？

煤气灯操控是一种隐秘的、变相的情感虐待，长期不断重复。操控者会诱导目标对象怀疑自己的判断、对事实的看法，在一些极端案例中，被操控者甚至会怀疑自己是不是疯了。

煤气灯操控是一种心理操控，在这种操控中，煤气灯操控者（关系中更有权力的那位）试图让你认为你记错了、误会了或曲解了你自己的行为或动机，从而让你产生自我怀疑，变得脆弱、惶惑。

识别煤气灯效应

煤气灯效应一定发生在一段双人互动关系中：一方是**煤气灯操控者**，需要确保自己凡事都正确，以此维护自我认知和在世界的权力控制；另一方是**煤气灯被操控者**，她默许煤气灯操控者来定义她的现实世界，把对方过度理想化，总是渴望得到对方的认可。你觉得自己正陷入困惑和自我怀疑，但为什么会这样？是什么让你突然开始质疑自己？一个所谓关心你的人，又怎么会让你感觉如此糟糕？

煤气灯操控具有隐秘性。煤气灯操控者明白，没有什么比怀疑自己对现实的掌控，更能破坏一个人内心的稳定。煤气灯操控会扭曲你的思想，并留下比身体虐待更严重的影响。它利用了你最害怕的事、你最焦虑的想法，以及你最深切的愿望，也就是想被理解、被欣赏、被爱。当你信任、尊重或爱的人言之凿凿——尤其话里还有点儿道理时，你很难不去相信。

1. **你们双方可能都没意识到问题**。煤气灯操控者可能真的认为他们是在拯救你。请记住，他出于自己的需要，要让自己看上去像个坚强、有权力的人，尽管他们可能看起来更像个固执、爱发脾气的孩子。他们不知道其他获得权力或安全感的方法，他们必须证明自己是对的，你必须对此赞同。哪怕你的内心有一丝一毫觉得自己不够好，觉得自己需要得到操控者的爱或认可才能完整，你就很容易受到煤气灯效应的影响。**煤气灯操控始终是两个人相互作用、共同造成的产物。**

2. 煤气灯操控者会制造困惑和怀疑。

- 他们会操控对方，令其怀疑自己对现实的感知能力。
- 他们不对自己的行为负责，并设法削弱任何质疑他们行为的人的可信度。
- 他们企图通过不断质疑被操控者的现实感，让其怀疑自己也有问题，从而实现操控。
- 出于他们自己的目的，他们通过质疑对方的现实感，贬低其判断力，并重新定义对方，来破坏其自我意识。
- 当他们感到脆弱时，会通过打击自己的另一半或搭档，设法让自己感觉强大。
- 他们通过隐晦的离弃威胁，来维系和另一半或搭档的关系，声称被操控者需要他们来定义自己的现实感。

3. 煤气灯被操控者为了维持关系，在操控之下开始怀疑自己的感知能力。

- 你在操控之下，让对方来定义你的现实感，以及你是谁。
- 当强势的操控者坚持己见，并否定你的观点时，你采取息事宁人的做法。
- 你以牺牲自己的现实感为代价，来附和操控者对现实的看法，希望获得他们的认可或避免不愉快的冲突。

- 你会重新审视自己，而不是冒犯另一半或搭档——你宁可背叛自己，也不愿失去对方。
- 你丧失了自我的力量，面对欲加之罪，失去了为自己辩解的能量或意志。
- 你必须信任煤气灯操控者，才能维系这段关系。

4. 如何识别煤气灯操控？

你可能会想："这种事经常发生，我总是和对方意见不一样！"那么，煤气灯操控到底有什么不同？

- 是意见不统一吗？
  - ✓ 以尊重对方的方式讨论和倾听相反的观点，是一种健康的辩论形式。它使你的思想保持活跃，并帮助你们建立更加牢固、相互尊重且有界限感的关系。
- 是试图影响他人吗？
  - ✓ 我们都会试图说服他人同意自己或我们倾向的计划：我们该去哪家餐厅吃饭？我们该去哪里度假？但这并不是想恶意操控他人，让对方怀疑自己把握现实的能力或个人偏好的正当性。
- 是自恋吗？
  - ✓ 健康的自恋可以反映出一种有内聚力的自我感。但是，不健康的自恋通常是童年期心理创伤造成的后果，导致成人行为完全以自我为中心，不顾他人需求。并非所有的自恋者都是煤气灯操控者。

- 是霸凌吗？
- ✓ 霸凌是一种重复行为（某种程度上被互联网重新定义），它通常包括权力的不均衡，以及在身体、精神或情感上伤害对方的意图。它可能包括煤气灯操控，但不一定涉及故意破坏他人的现实感（尽管反复的攻击性批评，可能会导致对方怀疑自己）。
- 是操控吗？
- ✓ 操控和意图以及程度有关。操控局势以获得总体满意的结果，不同于故意操控破坏他人的是非观、感知或自尊。当操控他人是为了获得力量感，以满足个人以及短暂的内心平衡时，这就是施虐式的煤气灯操控。

你正在被煤气灯操控吗？

说说你个人的体会吧——开启你的"煤气灯探测雷达"，检查是否有以下 20 个预警信号。煤气灯操控不会同时拥有这些经历或感受，出现其中任何一种，就要格外注意。（在符合你情况的选项前打钩。）

☐ 反复自我怀疑。
☐ 你每天数十次地问自己："我是不是太敏感了？"
☐ 你在工作中经常感到困惑，甚至失去理智。
☐ 你总在向母亲、父亲、男朋友、老板道歉。

- ☐ 你经常质疑自己是否足够优秀。
- ☐ 你想不明白，明明生活中精彩的事很多，自己却仍然不快乐。
- ☐ 你在给自己买衣服、给房间添置家具或购买其他个人物品时，脑子里想的都是伴侣的想法，他会喜欢什么，而不是自己喜欢什么。
- ☐ 你经常在朋友和家人面前为伴侣找借口。
- ☐ 你会向朋友和家人隐瞒一些信息，这样就不用另外解释或找其他借口。
- ☐ 你知道自己的生活出了问题，但就是说不清楚是什么问题，自己也想不通。
- ☐ 为了逃避羞辱、贬低以及现实的扭曲，你开始撒谎。
- ☐ 你甚至连简单的事都开始拿不定主意。
- ☐ 聊天中随意发起一个简单的话题之前，你会反复斟酌。
- ☐ 伴侣回家之前，你会先在大脑里过一遍自己这一天做错了哪些事。
- ☐ 你感觉自己和以前大不相同，以前的你更自信、更快乐、更放松。
- ☐ 你开始通过伴侣的秘书和他对话，这样就不必直接告诉他那些会让他不高兴的事。
- ☐ 你觉得自己好像什么都做不好。
- ☐ 你的子女开始在伴侣面前保护你。
- ☐ 你开始对以前一直相处融洽的人大发脾气。

☐ 你感到生活无望，整日闷闷不乐。

虽然所有这些症状也可能是由焦虑症、抑郁症或自卑引起的，但不同之处在于，煤气灯操控里有其他人或群体，他们不断试图让你怀疑自己的感知是否正确。如果你和某个特定的人在一起时才能体会到这种感受，那你可能就是煤气灯操控的受害者。

> **蛛丝马迹——用你自己的话说说看**
>
> 回想自己的经历、想法、感受和行为，我意识到自己经常体验或感到 _____
> _____
> _____

煤气灯操控的三个阶段：每况愈下

煤气灯操控是循序渐进的。一开始，操控的程度比较浅，你甚至都注意不到。但总有一天，它会占据你的思想，击溃你的情绪，主宰你的生活。最终，你会彻底陷入抑郁，甚至忘记曾经的自己，丧失自我和自己的想法。当然，不是每个人都会经历这三个阶段，但对大多数易受他人影响的人来说，一旦被煤气灯操控，情况只会越来越糟。

第一阶段：质疑

你简直不敢相信伴侣说的这些昏话和对你的种种指责。但随着对方不断强调其正确性，并打压你的信心，你开始自我怀疑。

第二阶段：辩解

你不断为自己辩解，反复回味和对方之间的对话。到底谁对谁错？你产生了不辞而别的想法。

第三阶段：压抑

当被煤气灯操控久了之后，你不再是这段关系刚开始时的那个人了。你会更加孤僻、压抑，不想和别人谈论自己的感情生活。为了避免受伤，你会尽可能地附和煤气灯操控者。在这个阶段，你往往已经认可对方对你的扭曲和批判。

煤气灯操控可能会停留在第一阶段或第二阶段，循环往复，让人心力交瘁。一旦到了第三阶段，后果会极其严重。最糟糕的是，你失去了生活的乐趣，唯一对你重要的，就是让你的煤气灯操控者爱你、认可你、和你在一起。

煤气灯操控者的三种类型

1."魅力型"煤气灯操控者:为你创造一个特别的世界

示例:假设你的男朋友已经连续两周没给你打电话了,尽管你给他留了很多信息,他也没有回复。但当他再次出现的时候,捧着一大束你最喜欢的花、一瓶昂贵的香槟和两张周末去度假的机票站在你面前。你既生气又沮丧。他这两周去哪儿了?而你的男朋友呢,他丝毫不认为自己的无故消失有任何问题,反倒只是让你和他一起享受他刚刚创造的这个浪漫时刻。

跟所有的煤气灯操控者一样,他在扭曲现实,并让你认同他的观点;他表现得好像自己并没有做什么过分的事,你才是无理取闹的那个。然而,他的魅力和浪漫不过是虚假的掩饰,可能会让你忘了他的行为有多过分,忘了你最初有多痛苦。

你是否陷入了"魅力型"操控?查看以下内容,是否对你有所警示。下列清单上的有些陈述很负面,但大多都是中性或正面的。如果你想知道伴侣是否正在利用魅力来让你失去自我认知,那么即便是正面的陈述也能说明他在操控你。

☐ 你是否经常觉得你们拥有只属于你们两个人的特殊世界?

☐ 你会形容你的伴侣是"我认识的最浪漫的男人"吗?

☐ 你们的争吵和分歧是否通常以亲密或浪漫的行为告终,比如一份特别的礼物、更亲密的关系和更甜蜜的性爱?
- ☐ 你的朋友是否觉得你的伴侣很浪漫?
- ☐ 你的朋友是否会为你伴侣的浪漫而感到担忧?
- ☐ 你对伴侣的印象是否与朋友对他的印象不一致?
- ☐ 他在公开场合和私下里的表现是否有明显不同?他是那种想要获得全场关注的人吗?
- ☐ 你是否会偶尔觉得,即便他有千奇百怪的浪漫想法,但都不是你想要的,且跟你的心情和品味不契合,或者与你们的故事毫无共鸣?
- ☐ 当你说自己状态不佳的时候,他是否还在坚持营造浪漫,无论是在性关系方面,还是在其他方面?
- ☐ 你是否认为你们在恋爱初期的感觉与现在有明显差异?

背后原理

贬低对方的情绪和感受,是剥夺其现实感的一种方法。不断否定对方对某种情况的感受,就如同表明对方的看法是错的,一样奏效。这时,操控者对你情绪的否定,让你认为自己可能是在幻想或编造不存在的情景,而事实上,你感受或体验到的就是真实存在的。

或许"魅力型"煤气灯操控者会说出以下这些话。你完全同意对方的说法,而不是指出其错误或默默反抗,因为你非常想被接纳,而前提就是赞同对方。

第一章 什么是煤气灯效应？

- ✓ 你太敏感了！
- ✓ 你知道那就是因为你太没安全感了。
- ✓ 别再发神经了！你就像有病一样，你自己知道不知道？
- ✓ 你又开始找碴儿了。
- ✓ 你就是不想让我安生。
- ✓ 我那是在开玩笑！
- ✓ 你在编造。
- ✓ 这没什么大不了的。
- ✓ 你反应过度，胡思乱想。
- ✓ 你总是像在演电视剧一样。
- ✓ 根本没那回事。
- ✓ 你知道你脑子不太好。

蛛丝马迹——用你自己的话说说看

我意识到，我不够勇敢，并且不知如何回应对方的某些评价，比如：_____
_____
_____

弄懂这种行为

关系如何运作：镜像和发展过程

这么多聪明、坚强、独立的人，之所以成为煤气灯效应的牺牲品，有其更深层的心理原因。第一，他们需要被他人认可，希望收到积极的反馈，我们都会受到这种强大力量的影响；第二，成人关系的互动模式，很大程度受到其成长过程中周围关系的影响，并留下了无意识的观念，认为自己童年时看到的和经历的，就是世界以及人与人关系运作的方式。

这两种塑造儿童早期的环境影响，能极大促进或帮助保护我们免受煤气灯效应的困扰。了解这些影响因素，可以帮操控者和被操控者学会如何有意识地去改善他们的关系互动。

我们将在本书中提到并深化这些概念，此外还将介绍依恋理论，这是精神分析思想的一个重要部分。

让我们快速浏览一下这些人类基本发展需求所涉及的精神分析理论，我的目的是帮你理解这些概念，这样你就能更有意识地参与探索对自己情感疗愈的关键过程。

更深入地理解"为什么"

从心理发展的角度来看，孩子从别人那里得到的镜像类型，无论是正面的还是负面的，都对孩子如何看待自己有显著的影响，从而影响孩子发展其自我意识和个人能动性。镜像告诉我们，孩子如何无意识地投射自己，可以把这个过程作为孩子看待自己和自己所在世界的视角，包括他们如何处理人际关系。

这个早期的心理发展过程，让孩子认为他们是别人眼中的自己，并把它无意识地融入发展中的自我意识里。这可能表现为持续的内心对话或自我对话，一直到长大成人。

另一个值得关注的重要发展过程，是孩子如何学习人际关系（即人际关系如何运作，以及在一段关系中自己该怎么做），这是通过观察周围的关系，以及直接与人一对一的关系中学习到的。这些儿童早期的关系经验，成为心理学家所说的"关系模式"，无意识地在我们成年后的关系中继续积极或消极地表现出来。

深入思考，寻找自我

倾听童年的声音，那些告诉你有关自己的声音。倾听父母、兄弟姐妹和朋友的声音，那些告诉你你是谁，你感觉或认识到的是什么的声音。主要是积极的还是消极的信息？是令人愉快的还是不愉快的信息？你记得他们说了什么吗？他们的声音有多少是你现在的声音？

问问自己

他们眼中的你是什么样的?
_____
_____

你还记得是谁对你说的吗?你相信对方说的话吗?
_____
_____

他们眼中的你,有哪些看法是让你吃惊的吗?当时你有什么感觉?
_____
_____

听到这些话,你有什么想法?
_____
_____

你是否把他们关于你的看法,变成你对自己的看法?
_____
_____

2. "好人型"煤气灯操控者:让你说不出问题在哪儿

示例:宝拉说她尊重桑迪,并一直告诉桑迪,她真的想让桑迪开心。但大多数时候，无论聊天内容是什么，只要桑迪跟宝拉看法不同，宝拉就会说桑迪又想多了，或者说桑迪可能过于敏感和担心了。宝拉举止优雅，讨人喜欢，她会用笑容和最温和的语气来打击桑迪。这种无视和不尊重，是桑迪最终从两人的交谈中能得到的全部——无论桑迪是赢了还是输了，这种互动都让桑迪感到沮丧和疲惫。

如果和这样的人交往，你可能经常感到不知所措，会觉得被忽略或不被尊重——你的想法和顾虑从未真正得到理解，而且你永远不知道发生了什么或问题到底出在哪里。毕竟，对方是"那么好！"

你是否遇到了"好人型"煤气灯操控者？

（在符合你情况的选项前打钩。）

☐ 他是否一直在努力取悦你和他人？
☐ 他提供帮助、给予支持或妥协退让时，你是否会感到沮丧或隐隐不满？
☐ 他是否愿意与你协商家务、社交或工作安排，尽管他最后顺从了你，但你仍然感觉他并没有用心倾听你的意见？
☐ 你是否觉得他似乎每次都能达到他的目的，你不明白这是为什么？
☐ 你是否觉得你想做的总是事与愿违，但又不知道哪里有问题，该抱怨什么？

☐ 你是否觉得自己的感情生活和谐美满，但又不知道为什么会感到茫然，觉得生活无趣、心灰意冷？

☐ 他是否会询问你每天的情况，并且认真倾听，给予共情的回应？然而，不知道为什么，基本上每次这样的谈话结束，你都感觉更糟糕了。

蛛丝马迹——用你自己的话说说看

假如你觉得自己遇到了"好人型"煤气灯操控者。

就是感觉这段关系有点儿"不对劲"，但我不知道为什么。我觉得

_____

_____

对方看起来通情达理、善解人意，因为_____

_____但有时却_____

_____

上一次我在这段关系中真正感到快乐是_____

_____

_____

背后原理

煤气灯效应是煤气灯操控者破坏或否定了你的现实感，无论如何他们都必须是对的。你们的对话内容可能并非事实，而是隐

含了"你错了,我才是对的!"的信息。这时,你的煤气灯操控者亟须巩固自己的地位,确保自己的正确权威。他需要做很多好事,有好的表现,但并不是因为在乎你,他只是迫切想要证明自己是个好人。这让你感到孤独沮丧,即使你说不清为什么。

弄懂这种行为

自我意识:理想自我和现实自我

我们都有自我意识,也就是关于"我是谁"的概念,对自己所有的属性和特征的认识,包括个性、好恶、长处和短处、独特视角、身份、行为等。自我意识主要有两个组成部分:理想自我和现实自我。

理想自我:这是我们想成为、渴望成为,并为之努力的自我。我们通常希望他人眼中是理想的自我,希望自己能得到积极的肯定、认可、尊重,甚至钦佩和爱。早期父母的镜像在理想自我的发展中起着关键作用,可以把它看作孩子在学习他们应该成为的样子。(注意:重要的是,这种早期镜像是现实的、基于事实的,反映孩子的天赋和能力。若没有这种镜像,孩子就会发展出一种不健康的自大,认为自己拥有夸张的天赋和能力;或者会发展出一种深深的不自信感,因为没达到父母投射的理想自我。)

现实自我:这是让我们相信此刻自己身份的自我。现实自我是由当下的感觉、思想、态度和行为组成的，尤其是对自己的感觉。它也被称为"自我状态"，会在不同时刻发生变化。比如，有时我们觉得自己很自信、很强大、很有控制力，甚至很优越。但下一刻，我们可能会感到恐惧、软弱、害怕、焦虑、沮丧、不够好、不确定、羞耻或内疚。这些代表了现实自我的脆弱感受。虽然我们都经历过这些感受，但一般不会喜欢它们。因此，我们的自然反应就是把它们看作是我们自身的消极面。对这些感受的不适，导致我们试图把它们隐藏起来，不让别人甚至也不让自己知道。这样一来，现实自我的脆弱感受就会成为理想自我的敌人。最好的做法，是意识到我们正在压抑的脆弱情感，并利用它来理解、面对和拥抱我们完整、真实的自我。

- 对操控者和被操控者来说，他们现实自我的脆弱感受的真正原因很相似。然而，尽管有相似的原因，但是表现形式却非常不同。
- 对操控者来说，我们看到的是其自恋式自大；对被操控者来说，我们看到的是其缺乏个人能动性。无论在哪种情况下，这些行为表现都是害怕或不自信的心理防御形式。

更深入地理解"为什么"

操控者的理想自我与实际自我 vs 被操控者的理想自我与现实自我

操控者不能容忍任何对他们的理想自我、想法或观点的挑战,尤其是对能力的挑战。他们不能容忍自己或他人脆弱的感受。

相反,被操控者会被脆弱的感受所困扰,特别是自卑感。

操控者和被操控者都会不遗余力地隐藏其脆弱的感受,包括个人发展障碍、焦虑、抑郁和成瘾。

操控者

理想自我:一般来说,操控者的理想自我占主导地位,并完全定义了他们的自我意识。任何对理想自我的挑战都会迅速导致其激烈的反应或反击,以及分裂的自我状态(即缺乏自我内聚力和个人能动性)。

现实自我 / 脆弱的感受:操控者很害怕出错或被视为软弱、自卑以及无能。

被操控者

理想自我:一般来说,被操控者并不是为了自己的理想自我而表现低调,而是因为一直以来他们已经看扁自己,总是迁就和默许他人。具体说,就是被操控者不相信自己的需要、愿望或观点的有效性(也就是习惯性地认为,自己的需要、感觉和观点应该排在他人之后)。

现实自我 / 脆弱的感受:被操控者害怕被拒绝、被抛弃。为了被对方认可,他们可以随时放弃自己的需要、愿望和观点。在极端情况下，他们会完全接受自己的脆弱，认为这就应该是他们的自我意识。

注：自我状态（self-state）是个术语，用来描述你当下的情绪和心理平衡，它可能是积极的，也可能是消极的。这个术语指的是个体在当下感觉到的自我内聚力的程度（自信程度、平衡程度以及个人能动性）。个体感到缺乏自我内聚力，或自我状态分裂时，通常会产生焦虑、挫败、烦恼、不信任和易怒等感觉。

深入思考，寻找自我

想一想你的理想自我，也就是你努力成为、并想向外界展现的那个人。理想自我，是你希望每个人都看到并尊重的你，是你认为你应该成为的那个人。

描述一下你的**理想自我**。

我是_____

_____

我不是_____

_____

我希望成为_____

_____

现在想一想你的**现实自我**，尤其是你对自己的感觉。

我是_____

_____

第一章 什么是煤气灯效应？

我需要_____
_____

我想_____
_____

你的一部分自己是否被隐藏起来了？你能想办法展现这部分的自己吗？你的现实自我一直以来有哪些脆弱的感受？对你来说，感知它们难不难？

_____
_____

当你感知这些感受时，你能感受到自我状态的变化吗？

_____
_____

记住，要对你的全部抱有同情心，即使是那些难以启齿的部分和令人害怕的情绪。

记住，你可能还不知道该怎么做，但一定要对自己温柔、有耐心。

现实自我的障碍

哪些障碍可能会妨碍你成为现实自我，流露脆弱的感受？

_____
_____

3. "威胁型"煤气灯操控者：欺凌、内疚、隐瞒是惯用伎俩

示例："魅力型""好人型"煤气灯操控者通常很难被发现，因为操控过程中的很多行为在特定情况下是可以被理解和接受的。但有些行为明显已经成为问题了，比如大吼大叫、贬低、冷落、责备以及其他形式的惩罚、恐吓等。

有时候，"魅力型"或"好人型"煤气灯操控中也会偶尔出现上述类似的问题行为。但倘若一段关系中频繁出现这种问题行为，应当确切地将其称为"威胁型"煤气灯操控。

你是否遇到了"威胁型"煤气灯操控者？

（在符合你情况的选项前打钩。）

☐ 他是否当着别人的面，或者在你们独处时贬低你或用其他方式蔑视你？

☐ 他是否为了达到目的，对你使用冷暴力，或者在你惹他不高兴时以此作为惩罚？

☐ 他是否经常或周期性地发怒？

☐ 你是否一见到或者一想到他就感到恐惧？

☐ 你是否觉得他在公开场合或以"开玩笑""逗逗你"为幌子嘲笑你？

☐ 他是否经常或不定期地威胁你说，如果你惹他不高兴他就

会离你而去，或者暗示他会抛弃你？

☐ 他是否经常或周期性地说一些你最害怕听到的话？例如，"你又来了，你要求太高了！"或者"到此为止吧，你简直跟你妈妈一样！"。

蛛丝马迹——用你自己的话说说看

你是否对对方突如其来的打击，感到心力交瘁或精疲力竭，毫无欲望和精力来保护自己？

多数情况下，我真心觉得 _____

_____

背后原因

事实上，遭遇"威胁型"煤气灯操控是一项巨大的挑战。为了让你们之间的关系发展更顺利，你们双方要同时处理好操控和威胁两方面的关系。即便威胁不是操控的一部分，也会令人感到沮丧。如果你最终还是打算修复好这段关系，那"威胁型"操控者就必须改变他们与你的相处方式，学习更有技巧和更健康的沟通方式。如果他们继续挑衅，让你觉得不舒服，那你可以用离开或设限的方式来应对。即便如此，我还是要重申一遍：永远不要容忍身体或精神上的虐待。

> 麻烦里蕴含着知识，可以带来学问，甚至智慧。
>
> ——托妮·莫里森

弄懂这种行为

健康的自恋 vs 不健康的自恋

一个人对自己看待世界的方式越自信，就越能坚持自己的看法和对现实的把握，不管有多少人挑战他们。但不健康的自恋者固执己见，当别人不同意他们的观点时，很容易会发怒。

对陷入不健康的自恋者来说，和他们意见不一就是挑衅他们的优越感。

"威胁型"煤气灯操控者依赖优越感，他们怕无法左右他人对自己的看法，不能容忍自己的理想自我受质疑或被削弱。

在这个例子中，自恋很容易被误解。每个人都需要些健康的自恋，但重要的是要了解其潜在的脆弱性。

更深入地理解"为什么"

人们对自恋的印象不太好，但它真的一无是处吗？

我们都需要心理学家所说的健康的自恋，也就是一种强烈的自我意识，知道自己需要什么，想要什么，并且欣赏自己。

第一章 什么是煤气灯效应？

> 不健康的自恋，往往是由情感障碍和潜在的创伤性童年（缺乏温暖、被忽视或过度赞美）造成的，导致了脆弱的自我意识。为了弥补这种脆弱的自我，孩子会发展出一种看似以自我为中心的态度。从发展的角度看，这种脆弱会导致一种世界观，即别人不值得信任、人际关系总是让人痛苦。这种世界观也会导致一种深度信念，即只表现出自己的理想自我，同时坚信尽可能与他人保持距离但假装与其有情感上的联系是比较安全的。这样的世界观，意味着必须掌控自己在别人眼中的理想自我和个人观点。
>
> 相比之下，健康的自恋有助于我们保持个人观点和底线，让我们能对他人更有同情心。

深入思考，寻找自我

你认为你的自我如何才能强大？

你认为在这个世界上，维持自我幸福、心理平衡和人生目标所必需的是什么？你能否写下这些需求？

我需要 _____

_____

我想要 _____

_____

我认为我值得拥有 _____

_____

如何摆脱煤气灯操控

说出自己的需求，感觉如何？

描述你值得拥有的东西有多容易或多难？

你是否对自己的回答感到惊讶？

如果有人质疑你和你的需求，你会有何感受？

你在内心如何回应的？你如何回复对方的？

当你体验这些感受时，你是否也感到任何抗拒或障碍？

现在，请允许自己用文字来夸夸自己。

河流的故事

可视化

请给我几分钟,带你潜入你的生命之河,寻找水中的试金石,也就是回首那些决定性时刻,当你自己对现实的看法、见解、感觉受到鼓励或受到压制的时刻。

这个内心探索之旅,会让你明白自己为何容易被他人操控。

第一部分:特写

- 拿出一张纸,在左下角的空白处写上你的出生日期,在右上角写上今天的日期。
- 接下来,在你出生日期和今天的日期之间,画一条"你的生命之河"。它可以是一条直线,也可以有许多蜿蜒曲折、有支流或没支流的线,你自己决定。
- 现在,闭上眼睛(如果这样感觉舒服的话)或只是轻轻垂下眼帘。想象一下,你在河岸边,正登上一艘小型气垫船。你将乘坐这艘会漂浮于水面上6米左右的气垫船,沿着你的生命之河旅行,从出生那天起到现在。
- 当你漂流时,留意水下的试金石,用它们代表那些你个人看法或感觉被鼓励或被压制的决定性时刻,注意这些刻在你记忆中的决定性时刻。
- 在你的河流中写下或画下这些决定性时刻,并在每个时刻花几分钟停留下,留意一些细节:你在哪儿?你周围是什么？谁和你在一起？以及情感上的细微差别：你有什么感觉？脑海里浮现出什么？示例：

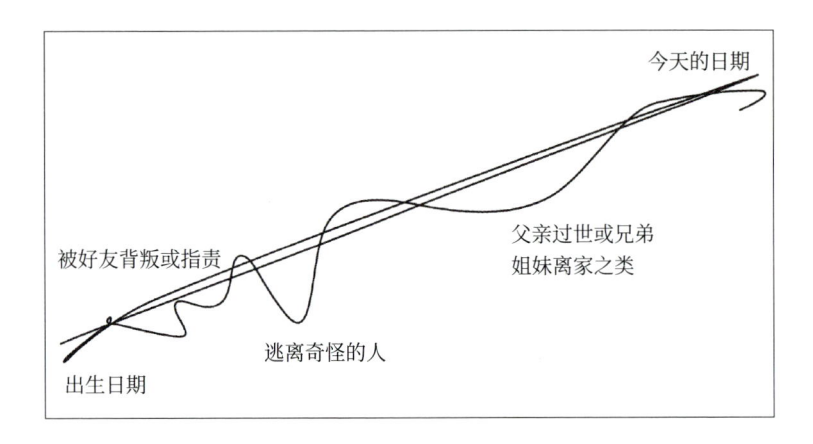

```
                                          今天的日期
                              父亲过世或兄弟
                              姐妹离家之类
被好友背叛或指责
              逃离奇怪的人
出生日期
```

尽量不要对自己的观察和看法做出任何评价，而是保持好奇心。

重要的是，你要更加随和、有爱地去认识和了解自己，以及那些塑造自己的时刻。

决定性时刻

现在，写下或画下这些印在你记忆中的决定性时刻。

你注意到了什么？

有什么意料之外的发现？

你的决定性时刻，一般是同别人在一起，还是独自一人？

你的决定性时刻，主要是愉快的，还是不愉快的？

第一章 什么是煤气灯效应？

```
                                              今天的日期




你的出生日期
```

记忆的涟漪

第二部分：大画面

- 现在想象一下，你把气垫船留在河边，坐到自己的热气球里，在河的上空飘浮，视角更高更广阔。
- 当你行进在人生的各个决定性时刻，俯瞰自己出生那天和今天之间的生命之河，现在，让自己从一个新的、更高的角度，关注那些你的看法或感觉曾被鼓励或被压制的时刻。

- 找出其中一两个对现在的你来说比较特别的时刻。
- 请圈出这些时刻。现在,花几分钟记录它们。
- 看着这些时刻,有没有什么让你吃惊的?

当时你在哪儿?详细描述一下。发生了什么?谁在场?你当时有何感受?对你当时生活的直接影响是什么?长期影响是什么?你今天仍能感受到它的影响吗?在探究了这些人生的决定性时刻之后,你现在在想什么?有何感受?

意想不到的开悟时刻

有什么是你之前没想到的?可以写下你的真实想法。

_____

_____

_____

第二章

煤气灯探戈

在这一章中，我们将深入研究煤气灯探戈，以及可能导致我们自己陷入其中的行为、欲望和幻想。值得庆幸的是，有一个摆脱煤气灯操控的方法：当你意识到可以定义自己的自我意识——也就是说，无论你的煤气灯操控者怎么想，你都是一个值得被爱的人，那么你就已经迈出了走向自由的第一步，找到了自己内心深处的力量源泉，它会帮你摆脱煤气灯效应。第一步是意识到自己在煤气灯操控中扮演的角色。

示例：莎拉知道男朋友跟她说话的方式有很大问题。以前她只是在心里想"他是个混蛋"，然后疑惑自己为何还要和他在一起。几个月来，他一直在贬低和打击她，说她是在做白日梦，自以为工作上受重用或同事真的离不开她。当他说她没能力、没眼力见时，总是一副嘲笑的样子。她认为他不对，但还是想知道他说的是否有道理。她讨厌他这样看自己，也学会了为自己和工作辩护，但这让人精疲力尽，她受不了自己被轻视。

被煤气灯操控的人，往往害怕被误解，尽管她们经常表现出自信和强势，但实际上她们非常容易被伴侣和同事的观点所影响。

记住，煤气灯操控是一种在双方关系中操控特定时刻的手段，停止冲突、缓解焦虑、重新获得权力感。这是一种认知策略，帮助操控者进行自我调节，并试图调节双方。操控者甚至可能不认为自己在操控什么，他们也许只是认为自己表达直接或有点儿不近人情的直率。但如果这种直率，是指煤气灯操控者来决定你是谁、你的想法以及感觉，那它会让你发疯。当你试图为自己辩解，深陷煤气灯探戈中时，你无法抽身而退，客观分析操控者的动机。你只是感到自己的思想和行为受到对方的攻击，也就是那种被批评、被控制和被激怒的感觉。

尤其在亲密关系中，双方都有可能因对方而变得弱势，甘心让权于其所爱之人。在这种情况下，被误解就像是受到致命一击或挑衅一样。致命打击，或是被挑衅想吵架。

加入煤气灯探戈

尽管表面来看，煤气灯操控主要是虐待者的杰作，**但煤气灯操控关系一定离不开双方的积极参与**。只要你不再争输赢，不再劝对方讲道理，不再证明你是对的，你就能马上结束这段探戈。你也可以直接选择退出——也就是不再跟对方跳煤气灯探戈，夺回你的权力，同时不要认为你会改变操控者。

让我们仔细看看**煤气灯探戈**的复杂步骤。

第一步：煤气灯探戈通常始于操控者坚持认为某件事情是真的，而你却深知那是假的。比如"你知道你记性很差，你自己知道！"

第二步：只有当被操控者有意无意地试图迎合操控者，或希望操控者以自己的方式看待问题时，煤气灯操控才会发生，因为被操控者极度渴望得到操控者的认可。比如"我记性没有不好！我从没错过约会！你怎么能这么说？我从没迟到过！"

第三步：当被操控者精疲力尽后，他们不再坚持自己的想法，反而试图通过妥协跟对方站在同一立场，以此赢得操控者的认可。绝大多数情况下，他们会通过主动让步来改变自己。

结合自己说说看

被心理操控不是你的错。有时你并不知道自己正身陷其中，不过一旦你意识到自己被操控，就可以用自己的力量扭转局面，表明你不想再这样了。

你有没有被错误地指责过？也就是你被认为做错了什么，或被人误解了的时候？你的煤气灯操控者很可能一直在指责你，于是你向对方妥协，同意他们的看法。

_____

_____

你还能想起当时妥协的事情及原因吗？你当时是怎么想的？

_____

_____

你当时有没有察觉到自己有哪些情绪？

> 人类最后的自由——在特定环境中选择自我态度的能力。
>
> ——维克多·弗兰克尔

我们为何继续逆来顺受?

- 害怕遭遇情感末日
- 潜意识中的趋同心理

害怕遭遇情感末日

首先,让我们来看看情感末日是怎样的。它是一种情绪大爆发,能摧毁身边的一切并在结束后的数周持续释放毒气。处于煤气灯操控关系里的人会担心,如果操控者被逼得太紧,就会导致这种情感末日。为了避免痛苦的情绪大爆发,被操控者愿付出一切代价。

如果你永远不知道对方什么时候会大发雷霆,一段时间后你也许会发现,为了避免争吵,不管他们怎么说,你都会屈服。

情感末日会有很多形式,取决于你们的具体情况。比如,它可以来自一个用职位来威胁你的老板，或一个用内疚感来挟持你的家庭成员。

煤气灯操控最坏的影响，是让被操控者失去自信、失去快乐、迷失方向、加深抑郁，甚至让操控者来决定你的世界观和自我意识。在思想、情感和行动上彻底屈服，似乎才是最保险的做法。

末日到来：煤气灯操控者的秘密武器

什么让你感觉最痛苦？你的煤气灯操控者是个专家，他善于利用你的弱点作为他的秘密武器。（在符合你情况的选项前打钩。）

他可能会：

☐ 用你最害怕的事情来提醒你

"你真是太胖了 / 性冷淡 / 敏感 / 难搞……"

☐ 用彻底抛弃你来威胁你

"没有人会再爱你了。"

"你将孤独终老。"

"没有人能忍受你。"

☐ 用其他问题来否定你

"难怪你跟你的父母合不来。"

"也许这就是你的朋友苏西抛弃你的原因。"

"你还不明白吗，这就是你老板不尊重你的原因。"

☐ 用你的理想状态来质疑你

"婚姻不就是无条件的爱吗?"

"我以为朋友之间应该是相互支持的。"

"真正的专业人士应该能够承受压力。"

☐ 让你怀疑自己的认知、记忆或现实感

"我从没那样说过,都是你想象出来的。"

"你答应过要还清那笔账的,你不记得了吗?"

"你的话让我母亲很伤心。"

"家里的客人觉得你很可笑,大家都在嘲笑你。"

想一想——让我们具体回想一下

回想一下,你是否遭遇过情感末日?如果回想这些经历会让你非常痛苦,请提醒自己回忆是为了治愈,重获自信和力量。请相信这个过程,也相信自己。

———————————————————

———————————————————

回想一下,有没有当你情绪良好(快乐、有成就感,或有安全感)时,却遭遇了情感末日而崩溃的时刻?

———————————————————

———————————————————

记忆中有没有某些时刻,你分享了一些开心的事,而对方却认为是坏事,反而指责你?

———————————————————

在我们继续之前，请深呼吸，释放一下这个练习可能引起的任何感觉。要相信，操控者的指责和你的反应，不代表真正的你，而是像世界末日般的恐惧感，威胁和影响了你的自我意识。

请记住：不管你的煤气灯操控者怎么想，你都是一个优秀的、值得被爱的人。

潜意识中的趋同心理

潜意识中的趋同心理，是我们放弃自我认知，加入煤气灯探戈的第二个原因。无论我们多么坚强、聪明、有能力，都会把操控者理想化，迫切地想要赢得他们的认可。如果双方都感觉良好，他们可能会给彼此更多的空间；如果一方或双方都感到脆弱，他们可能会要求对方对自己更加忠诚，也就是无条件地认同对方。

当被操控者确实因为分歧或否定而感到焦虑时，他们的应对方式不外乎以下三种。

- 让自己迅速和对方保持一致。
- 试图通过争辩和（或）情感操控，让操控者接受自己的看法，从而获得安全感和价值感。
- 由于对方的坚持和自己的精疲力尽，用妥协来避免情感末日的到来。

在任何一种应对方式中，被操控者几乎愿意做任何事情，为了维系自己和操控者的亲密感，即使这意味着要在这个过程中扼杀他们的自我意识。

> **结合自己说说看**
>
> 这些应对方式中，有没有符合你的？如果有，是哪一种或哪几种？
> _____
> _____

弄懂这种行为

潜意识中的趋同心理：被操控者和操控者的相似性

潜意识中的趋同心理，解释了一种无意识现象，也就是被操控者会放弃自我意识，以维系同操控者的积极关系。

但这是为什么呢？这种关系互动，其实是煤气灯探戈的一部分，每个人都不自觉地进入他们自己精心编排的煤气灯探戈。

> **更深入地理解"为什么"**
>
> 对于被操控者来说，潜意识中的趋同心理是想通过为操控者提

供积极的镜像和同理心,来维持积极的关系。这里的无意识策略,是不表现出对操控者的失望,避免带来可能的对抗——情感末日。目的是不惜一切代价维持积极的关系。被操控者这种不惜一切代价的行为,说明其自我意识脆弱而且没有安全感,是一种病态的妥协。这种应对策略往往是在儿童早期习得的,为了能与父母一方或双方维持积极的关系,抵御被遗弃的焦虑感。

操控者在煤气灯探戈中的角色,也表明其脆弱的自我意识,但表现形式非常不同。当被操控者通过放弃自我意识作为心理补偿时,操控者则通过要求对方接受自己的观点或看法,并积极地镜像出他们理想的自我作为心理补偿。这样一来,操控者就把被操控者的妥协和屈服,误认为是真心的共情和积极的尊敬。尽管听起来不可思议,但操控者就是这样撑起他们脆弱的自我意识。

深入思考,寻找自我

描述一下脆弱的自我感受。

_____

_____

你是否熟悉这一部分的自己?

_____

_____

你愿意进一步探索和了解这一部分的自己吗?

> 愿意 / 不愿意（如果回答"不愿意"，请直接跳到下文。）
> _____
> _____
>
> 如果回答"愿意"，请把你脆弱的自我感受写在下面。
> _____
> _____
>
> 你是如何保护这部分脆弱的自我的？
> _____
> _____
>
> 你对这部分的自己有什么看法和感受？
> _____
> _____

你在煤气灯探戈中的角色

煤气灯探戈需要两个人：你是否已经加入了煤气灯探戈？通过以下测试，看看结果如何。请诚实回答。

情景1：母亲——你的母亲接连打了几个星期的电话，想要约你吃顿午餐，但你实在忙得不可开交。新交了男朋友、最近爆发的流感和工作上越来越多的待办事项，导致你根本抽不出时间。她说："依我看，你根本就不在乎我。我怎么养了一个这么自私的女儿！"

此时你会说：

A. "您怎么能说我自私呢？您没看到我有多努力工作吗？"
B. "天哪，真对不起。您说得对，我是个糟糕的女儿。我很差劲。"
C. "妈妈，您这样贬低我，我没法和您沟通。"

情景2：朋友——闺蜜又一次临时取消了跟你的约会。你鼓起勇气对她说："你这样放我鸽子真让我崩溃。这么美好的周末晚上，你却扔下我一个人，让我在孤单中度过。我很难过，因为我本来可以约别人的。老实说，我很想你！"你的朋友用一种温暖而关切的语气说："其实，我一直想告诉你，我觉得你太依赖我了。和一个如此黏人的朋友在一起，我有些不自在。"

此时你会说：

A. "我不黏人。你怎么能说我黏人呢？我很独立！我只是不喜欢被临时放鸽子，这才是问题所在！"
B. "哦，这就是我们不能约会的原因？我会解决的。很抱歉给你带来了压力。"
C. "你说的这一点我会想清楚的。但话题怎么从你放我鸽子变成了我黏人？"

情景3：上司——你的上司最近压力很大，你总觉得她在拿你出气。虽然她偶尔也会把你夸上天，但很多时候你一走进她的办公室，她就会因为一些鸡毛蒜皮的小事对你大发脾气。就在刚刚，她用了整整10分钟指责你在最新的市场分析报告中使用的字体不符合公司标准。"你为什么非要给我找麻烦呢？"她问你，"你觉得你有资格受到重用吗？还是你对我有什么意见？"

此时你会说：

A. "天哪，别太小题大做了，字体而已！"

B. "我不知道我最近是怎么了，可能确实有些问题需要解决。"

C. "对不起，我没有按规章执行。"（内心在想："少对我大吼大叫！"）

情景4：男朋友/女朋友——你的男朋友整晚都闷闷不乐，沉默寡言。终于，他控制不住怒火对你说："我不明白你为什么要把我的秘密告诉全世界。"你往下追问细节，才知道原来是你在他的公司聚会上把你们计划去加勒比海度假的事告诉了别人。"我们去哪儿又不关他们的事！"他又说，"大家会从这样的信息中知道我赚了多少钱，猜到我的销售情况，可这些我都不想让别人知道。显然，你根本不尊重我的隐私，你在践踏我的尊严。"

此时你会说：

A. "你疯了吗？就是个普通的假期而已。有什么大不了的？"

B. "我才知道自己这么粗心大意。现在我感觉自己好内疚。"

C. "很抱歉让你难过了。不过，我们看问题的角度确实不同，不是吗？"

情景 5：伴侣——你和伴侣的谈话已经僵持了好几个小时。你没按约定时间去取他的干洗衣物，现在他明天出差没有干净的衣服可以穿。你向他道歉，说自己不是故意的，你只是晚到了 5 分钟，干洗店就关门了。他说每次他找你做事你总会迟到，这已经不是第一次了。你承认自己总是迟到，但并不是有意针对他。他指责你，说你想要搞砸他的差旅，这样他就不得不在家陪你了；说你嫉妒他的新同事；又说你厌倦了自己的工作，羡慕他那么喜欢自己的工作。

此时你会说：

A. "你怎么能这么说我？你难道看不出我有多努力吗？如果我想搞砸你的计划，我会为了你提前一个小时就下班吗？"

B. "我不知道，也许你说得对。我就是想做点什么来报复你。"

C. "关于这件事，你有你的看法，我也有我的看法。在这一点上，我们没什么可争的。"

答案要点

如果你的回答是 A：你正陷在与操控者无休止的争吵中，而且你永远不可能真正获胜。你总是渴望赢得他的认可，这给了他"让你抓狂"的权力。即使你知道自己的观点是对的，也可以考虑退出争吵，结束这场双人探戈。

如果你的回答是 B： 看来你的操控者已经说服你以他的方式看待问题了。因为你渴望得到他的认可，所以你愿意认同他的观点，甚至不惜牺牲自己的自尊。但是，即便他犯了错，你也没必要认同他对你的负面评价。继续往下读，我会帮助你找回自己的观点，恢复健康、积极的自我意识。

如果你的回答是 C： 恭喜你！你完全可以优雅从容地摆脱煤气灯探戈。因为你更加注重的是自己的现实感，而不是赢得操控者的认可，所以你完全有能力退出争论，停止煤气灯操控，成功避开煤气灯效应。

想一想——你做得怎么样？

你的大部分回答属于哪种情况？

A. 受困于想得到对方的认可中。

B. 接受对方所谓的事实，放弃自己的看法。

C. 选择退出煤气灯探戈。

对于你自己曾遇到过的情境（最近或不久前发生的），如果当时可以用不同方式来处理，你会如何改变，以便更明确地退出煤气灯探戈？

_____

_____

想象一下，如果你的话产生了你想要的效果，你们之间会有什么结果（短期的或长期的）？

_____

_____

请记住：只要你的内心还有一丝一毫认为你需要操控者的认可才能提升自我意识，增强自信心，完善对自我的认知，你就会永远被煤气灯操控。

> 在刺激和回应之间，有一个空间。在这个空间里，我们有能力选择如何回应。如何做出回应，决定了我们的成长和自由。
>
> ——维克多·弗兰克尔

共情陷阱

现在，让我们看看煤气灯探戈可能诱使我们步入危险关系的另一个伎俩：**共情陷阱**。

共情是一种能够设身处地体验他人感受的能力。我会跟他们一样，恐惧、心痛、沮丧不已，因为我会联想到自己在恐惧、沮丧或失望时的感受。同样地，当我听说我的朋友身体很好，我的孩子结交了新朋友，或者我的伴侣刚刚升职时，我也会跟他们一样开心。

在很多情况下，共情是我能想到的最美好的品质：它能让悲伤变得可以忍受，让快乐无限加倍。理想中的共情是维系亲密关系的纽带，帮我们减少孤独感，确信自己有人爱，有人愿意理解自己。

但很遗憾，有时候共情也可能是一个陷阱，在煤气灯操控关系中更是如此。你的共情能力，以及渴望被共情的需要，都会让你更容易受到煤气灯效应的影响。

你可能会陷入别人的处境，把他们的感受当作自己的感受，却忽略了自己的真实感受和个人界限。

示例：凯蒂的共情让她在布莱恩的世界观面前很难坚守自己的世界观。她那么迫切地站在布莱恩的角度看问题，无形中忽略了自己的观点。

大多数时候，布莱恩只在意自己的需求和感受。承认凯蒂跟自己有不一样的感受，就等于承认自己的感受是无效的。凯蒂希望自己能理解男朋友的想法，但男朋友却不想理解她的想法。

与布莱恩共情让凯蒂觉得自己体贴细腻，非常懂得关心人；但当布莱恩被要求对凯蒂共情时，他感受到的却是软弱无能和失败。

凯蒂习惯性的共情让她渐渐忽略了自己的感受和看法，她太渴望得到布莱恩的共情和认可，以至于屏蔽了自己清晰思考的能力。这种对认可、理解和爱的迫切需求，让凯蒂一步一步地接受布莱恩的情感操控。

掉进共情陷阱，理解和感受布莱恩的世界，使她很难从自己的角度看问题。困在自己的共情中,她经常为他的行为找借口,这使她无法重新调整自己的处境,并在不断降低底线中接受操控。

弄懂这种行为

摆脱共情陷阱,释放自己

共情陷阱,是由被操控者潜意识中的趋同心理,以及本能地想为操控者提供共情以维持积极关系而造成的。被操控者已经学会使用共情和积极的镜像,作为维系关系的操控工具,这反而变成了一种陷阱。

当你不得不放弃自己的观点来共情时,这不是真正的共情。**真正的共情并不要求你放弃自己的观点**。事实上,如果你不知道自己当下的感受,就不可能对他人产生真正的共情。因此,重要的是你要认清自己的想法和感受是合理的,不能在被操控下放弃它们。

更深入地理解"为什么"

假设立场——避免"潜意识中的趋同心理"和"共情陷阱"

假设立场是一种心理过程,在这个过程中,我们保持对自己的感觉和观点的意识,同时试图站在对方的角度,理解其感受和内心体验以及原因。

> 这一点很难做到，尤其是当操控者告诉你，你的感觉或观点是错误的、不合理的。操控者的强势设下了共情陷阱。
>
> 共情陷阱是可以避免和消除的，你可以通过培养对自我感受的意识，相信它们的有效性，然后试着将对方的感受当作自己的感受。你得允许自己去感受，并保持健康的界限——也就是说，不要把对方的感受和自己的感受混为一谈。在一个健康的关系中，这应该是一个互惠的过程。

深入思考，寻找自我：你的感受去哪了？

你能否分辨出，自己的感受和对方的感受之间的区别？

_____

_____

你是否曾留意到，自己突然要对另一个人的感受负责？

_____

_____

为了理解另一个人的感受，你是否曾忽视了自己的感受？

_____

_____

你是否曾把自己的感受投射到另一个人身上？

_____

_____

结合自己的个人经历——请完全遵从自己的内心,试着完成以下与你的困扰相关的句子。我建议要么写下你的答案,要么大声说出来,或者边说边写。你可能会发现,比起想一想,能听到或者看到自己观点的效果很不一样。

在这段关系中,我想_____
我想改变的是_____发生_____时,我无法忍受。
我认为自己基本上是_____的人。
当大家_____时,我会喜欢我们之间的关系。

写完这些句子,你的感受如何?如果你感到惊慌失措,别担心。这只是证明你太久没有如此关注过自己的想法了。试着带着这种感觉坐下来,看看有没有新的感受出现。

你可能还会发现,代入更简单、更具体的内容来思考这些问题会更容易。

这一周,我希望对方能做的一件事是 _____
_____

明天,我希望能有所不同的一件事是 _____
_____

我喜欢自己的一点是 _____
_____

厘清自己的想法和感受——许多人没有意识到自己的真实感受，也不允许自己去释放和探索自己的情绪。这可能与童年期建立的条件反射有关，比如你可能被灌输了你的感受并不重要。有人可能对你说："你的感受跟我没关系——回你的房间吧"或者"你不恨你的弟弟——你爱他。"也许情感的重要性和有效性在当时没有被好好地建立起来。如果你的家人不谈论情绪、不询问你的感受，你就会收到这样的信息——情绪是不能被谈论的，或者情绪是太私密、太可怕的，不能与人分享。

理解了没受过情绪教育的父母和亲友，就不难理解为什么我们中的许多人，在了解和管理自己情绪方面缺乏实践。情绪科学的研究人员告诉我们，当你有能力说出自己的感受时，你就有能力管理它们了。当你无法说出自己的感受时，也可以学习，比如当你有强烈的感受时，通过深呼吸冷静下来。但是，冷静下来并不能完全解决失望、嫉妒或其他很多情绪。

无论最初的原因是什么，结果都是我们经常回避、压抑或苛责自己真实的感受；混淆愤怒和失望等情绪；或将伤心视为软弱。

厘清你的真实感受及其原因很重要。一旦你意识到自己的感受，就可以开始接纳那些有建设性的、积极向上的感受，并远离那些无益的、有破坏性的感受。

在这里，通过一份长长的情绪清单和建立自我意识的工具，你就可以开始建立自己的情绪词汇表，了解情绪的复杂性和多变性。

了解你的情绪

> 当我们无法用语言来表达自己的感受时,我们缺乏的不仅是描述性的表达方式,更是对自己生活的主宰权。
> ——马克·布拉克特博士
> 耶鲁大学情绪智力中心联合创始人和主任
> 著有《情绪解锁》

建立一个"情绪词汇表"——煤气灯操控者往往会让你忽视、否认、压抑、看不起甚至完全不管自己的感受。但是,当你不知道自己的感受时,就会失去关于自己的关键信息来源。第一步是允许自己去感受,第二步是说出并理解自己的感受,这可以帮你有效地应对它们,勇敢地面对你的操控者。

说出你正体验到的特定情绪非常重要,细致入微的情绪词汇可以帮你建立情绪的心智模型。接下来,当你要告诉煤气灯操控者你的感受以及你的需求时,你就有现成的词语可以拿过来用了。

科学表明,情绪和感受是有差异的。情绪是对发生在你体内或体外的刺激的一种直接、突然的反应,它会导致你的生理、思维、肢体语言、面部表情和声调发生变化。

感受是你对内在或外在发生的刺激的个人心理体验。

但为了本书的目的,以及方便阅读,我将交替使用"感受"和"情绪"作为独立的或组合的体验和反应。

请查看下表，圈出符合你感受的词语。

被抛弃的	狂喜的	缺乏安全感的	心满意足的
足够的	尴尬的	担惊受怕的	惊讶的
深情的	充满活力的	被孤立的	害羞的
矛盾的	激动的	妒忌的	愚蠢的
焦虑的	疲惫的	武断的	迟钝的
感恩的	振奋的	孤独的	震惊的
糟糕的	害怕的	可爱的	胆战心惊的
无聊的	疯狂的	慈爱的	被阻止的
舒服的	懊恼的	痛苦的	不耐烦的
自信的	高兴的	被误解的	感动的
有创造力的	好的	求关注的	受困扰的
好奇的	感激的	愤慨的	不确定的
挫败的	内疚的	紧张的	不自在的
沮丧的	开心的	乐观的	局促的
依赖的	充满敌意的	不知所措的	暴力的
压抑的	不满足的	多疑的	脆弱的
绝望的	无能的	愉快的	美好的
下定决心的	独立的	心事重重的	担忧的
失望的	迷恋的	被拒绝的	
不满的	低人一等的	如释重负的	

你能否增加一些可以描述你真实感受的词语？

_____ _____ _____ _____

_____ _____ _____ _____

_____ _____ _____ _____

咨询你的"理想顾问"

想象

　　脑海中想象一个你完全信任的智慧顾问。你可以把他想象成一个真人、一个魔法师或精神向导,甚至是一只动物。假设这位顾问目睹了你最近与煤气灯操控者发生的一件烦心事。他清楚地看到了所有发生的一切。随后,你去拜访这位顾问。你觉得他会对你说什么?他会有什么建议?

_____

_____

与信任的人交谈

- 如果你有真正信任的亲朋好友,告诉对方你正在学习如何发现或重新发现自己的观点。
- 试着准确地告诉这个人,你对你与操控者之间的问题或困境的看法。
- 请对方温和地打断你——每当他们听到你绕开自己的想法,而只说其他人的看法,尤其是你的操控者的想法时,就简单地举手示意一下或用一个信号词打断你即可。

　　这样做是为了让你厘清自己的想法和感受,不受其他人的影响。但要确保这个倾听的人不会发表自己的意见!

想一想

在你与亲朋好友建立联系后,请反思你对这次经历的感受,并尽可能诚实地回答以下问题。

你还记得他们什么时候示意你停下来吗?你明白他们为何要在那一刻打断你吗?

_____

_____

你赞同他们的看法吗?

_____

_____

当他们打断你时,你有何感受?

_____

_____

你当时是什么反应?

_____

_____

练习对你有帮助吗?如果有,为什么?如果没有,为什么?

_____

_____

全世界都是你的实验室——如果你想知道朋友或亲人的看法(我们大多数人都想的),那就专门找一天交流一下这个练习,然后试着在 24 小时内，只专注于自己的想法。

> **意想不到的开悟时刻**
>
> 一个保存你自发见解的地方：_____
> _____
> _____

> 远离那些想贬低你理想和抱负的人。格局小的人总是那么做，但真正伟大的人会让你觉得你也可以变得伟大。
>
> ——马克·吐温

第三章

第一阶段：
"你在说什么？"

在接下来的三章中，我们将探讨从各种类型的煤气灯操控中解脱出来的具体方法，不管是表面上相对较浅的程度还是已经严重到难以承受的地步，都能找到相应的解决办法。

进入第一阶段：关键的转折点

第一阶段煤气灯操控的棘手之处在于，它的程度看起来很轻——只是一点小误会，只是片刻的不适，只是偶尔的小脾气或小分歧。但这些看似微不足道的事，可能就是破坏性的预警信号，而且往往被证明是一段关系的关键转折点。

示例——约翰等的公交车晚点了，他知道跟女朋友布兰迪约的午饭会迟到几分钟，就试着给她打电话，但她没接。当他到咖啡店时，她并不在。他查了手机短信，没收到任何消息。等了半个小时，他再次拨通她的电话——无人接听。他不介意等，但他有点儿担心，甚至有点儿恼火。虽然她总迟到，但他真的很喜欢她，而且希望每次她迟到他都会等着能感动到她。于是约翰打开电脑开始工作。

布兰迪迟到了近一个小时，若无其事地打了声招呼。约翰说："看到你太开心了！你迟到时我很担心。"她马上摆臭脸，傲慢地说："不就是迟到嘛，又来了。是你不能安排好你的日程，而且跟平时一样，你总想让我为你的玻璃心背锅。"

"什么？"他心想。然后，他大声肯定地说："不，我的日程安排得很好，谢谢。我不会小题大做，但你迟到了55分钟，而且这不是第一次了。你道个歉就没事了。"

明确、果断地拒绝第一阶段的煤气灯操控可能会帮你把这些迹象扼杀在萌芽状态，从而建立更健康的关系。就像约翰做的那样，在本章中，我将向你展示如何摆脱第一阶段的煤气灯操控。

有时候，一段关系可能持续几周、几个月甚至几年都比较健康，这样的情况下也可能发生煤气灯操控。彼此长时间待在一起，可能会让你更难意识到配偶、朋友或老板正在对你进行情感操控。

越早意识到并停止这种操控模式，你就越有机会恢复之前你们健康的关系，去留的抉择也不会那么痛苦。如果你无法回避你的煤气灯操控者（老板、亲戚或同事），你可以减少与他的接触，减少情感投入。

识别煤气灯操控，将帮你意识到自己有可能会跳上煤气灯探戈，改掉那些容易受易受到煤气灯操控的反应。因为目前煤气灯对你的影响还在可控范围内，你的自我意识也相对完整。

煤气灯操控的第一阶段：蛛丝马迹的信号

如果你在阅读以下清单时，感到焦虑或悲伤的认同感，或者其中任何一个迹象给你敲响了警钟，一定要重视起来。你的反应越强烈，越能说明你已经进入了煤气灯操控的第一阶段。

进入第一阶段的迹象

（在符合你情况的选项前打钩。）

与爱人或配偶

☐ 你们经常争论谁对谁错。

☐ 你发现自己很少关注自己的喜好，反而花更多时间纠结对方是不是对的。

☐ 你不明白为什么对方总是对你评头论足。

☐ 你经常感觉到对方在扭曲现实——对事情的记忆或描述与实际情况大相径庭。

☐ 对方看待事物的方式常常让你觉得不可理喻。

☐ 在你的印象中，这段关系进展得非常顺利，除了一些一直萦绕心头的小困扰。

☐ 当你描述对方的想法时，你的朋友会像看疯子一样看着你。

☐ 当你试图向他人或自己描述你在这段关系中的困扰时，你说不出问题在哪儿。

☐ 你不会告诉朋友那些令你困扰的小事，你宁愿选择忽略不提。

- ☐ 你会主动与那些认为你们关系很好的朋友保持亲密联系。
- ☐ 你认为对方很有主见、很负责任，而非控制欲强、吹毛求疵。
- ☐ 你认为对方浪漫迷人有魅力，而非不可靠、捉摸不定。
- ☐ 你觉得对方通情达理、乐于助人，但是你会想，为什么你没有感觉这段关系给你带来更好的体验呢？
- ☐ 和对方在一起，你会有被保护的安全感，不愿意因为偶尔的不良行为放弃这种安全感。
- ☐ 当对方占有欲强、喜怒无常或心事重重时，你会发现对方的痛苦，你很想帮对方减轻压力。
- ☐ 你骂对方，对方却无动于衷。但你一直寄希望于对方哪天会改变。

与上司或老板

- ☐ 你的老板总会当面评价你，而且大部分都是负面评价。
- ☐ 你的老板会当面称赞你，但你感觉他会在背后贬低你。
- ☐ 你觉得自己无论做什么都无法取悦老板。
- ☐ 你以前觉得自己能胜任工作，现在却不这么认为了。
- ☐ 你总在跟同事打探别人对你的看法。
- ☐ 下班后，你会不断地回想与老板的对话。
- ☐ 当你回想你跟老板的对话时，你不知道谁是对的。
- ☐ 当你回想你跟老板的对话时，你记不清他说了什么，但你知道自己被打击了。

与朋友

- □ 你们经常发生分歧。
- □ 每次分歧似乎都变成了个人恩怨，即使实际上一切与你无关。
- □ 你不喜欢朋友对你的看法，常常试图改变她的观点。
- □ 你会回避某些话题。
- □ 你觉得自己被朋友贬低了。
- □ 你发现自己不想与这位朋友有更亲密的进展。

与家人

- □ 父母或亲戚眼中的你与你自己眼中的你不一样，他们很乐意评价你。
- □ 你的兄弟姐妹经常指责你的某些行为或态度，而你却不相信他们说的是自己。
- □ 你无法理解兄弟姐妹对你，甚至对他们自己的印象，但他们坚持让你认同他们的想法。
- □ 你的兄弟姐妹总觉得你还是个孩子。如果你是家里最小的那个，他们会像对待小孩一样对待你；如果你是家里最大的那个，他们会觉得你在对他们颐指气使。
- □ 你经常为自己辩护。
- □ 你觉得自己总是做得不够。
- □ 你觉得自己不是听话的好孩子，因为你总是在提要求。
- □ 你经常感到内疚。

> ### 想一想——给你的人际关系打分
>
> 打钩后,再按 1(很少)、2(有时)和 3(经常)的等级,根据你自己生活中经历的煤气灯操控的频率,来为你的人际关系打分。
>
> 请记住,偶尔一次的情感操控并不意味着这是煤气灯操控关系,但意识到这些时刻可以让你防止第一阶段的进一步发展。

爱人或配偶

☐ 1(很少)　　☐ 2(有时)　　☐ 3(经常)

上司或老板

☐ 1(很少)　　☐ 2(有时)　　☐ 3(经常)

朋友

☐ 1(很少)　　☐ 2(有时)　　☐ 3(经常)

家人

☐ 1(很少)　　☐ 2(有时)　　☐ 3(经常)

你完成这份清单后,有什么惊喜发现吗?

_____

_____

如果有，请写一写你意识到了什么，不加评判地让自己认真思考一下。我们大多数人在人生的某个时刻，都经历过某种形式的煤气灯操控。花点儿时间留意下你现在的感觉。

我的感受：_____

_____

可以参考你的"情绪词汇表"（见 55 页）。

> 有时候，只要坚持下去，仅仅是活下去，就已经是非凡的成就。
>
> ——阿尔贝·加缪

谁疯了？是我还是他们？

直面自己的感受，理解它们背后的含义，是很重要的。一旦你不再忽视它们，并允许自己面对自己的情绪，你就能以最有效的方式进步。

有时候警告信号确实预示着危险，如果放任不理就太不明智了。所以我的建议是，向你的"空中乘务员"求助。找一些值得信赖的参照物——其他人、你的直觉或内心的声音——来帮助你分清什么时候可以焦虑，什么时候可以忽略自己的感受。

空中乘务员

一些可能发出危险警示的"空中乘务员"

- 经常感到困惑或迷茫
- 做噩梦或不安的梦
- 记不清与煤气灯操控者之间发生的细节
- 身体预兆：胃部下沉、胸闷、喉咙痛、肠胃不适
- 感到恐惧或警惕
- 拼命想让自己或朋友相信自己与操控者的关系很好
- 你在忍受对方侮辱你的人格
- 值得信赖的朋友或亲戚经常对你表示担心
- 回避你的朋友，或拒绝与朋友谈论你跟操控者之间的关系
- 生活毫无乐趣

第一阶段的煤气灯操控很难被察觉。它可能还没有显示出我们传统观念中与情感虐待有关的任何迹象——侮辱、刻薄言论、贬低或控制行为。

但煤气灯操控，即使在它的早期阶段，也具有很强的颠覆性和破坏性。你可能会有一种隐隐约约的感觉，觉得哪里不对劲，无法理解。

面对煤气灯操控者的负面反应，你有两种选择：远离煤气灯操控或陷入煤气灯操控。

> **结合自己说说看**
>
> 谁是你的"空中乘务员"？他们向你发出何种危险警示？
>
> _____
>
> _____
>
> 你是否曾依靠过你的"空中乘务员",帮自己摆脱心理上的困境？
>
> _____
>
> _____

选择1：远离煤气灯操控

伴侣——你坚强而理性，不在意约会对象的认可，你有自己的看法和立场。你认为对方的恼怒反映了他们自身的焦虑。你理解也想帮助对方治愈童年创伤，但你知道这毕竟是他自己的问题，与你无关。这样对方就不可能对你进行煤气灯操控。

工作——你对自己和自己的工作比较有信心。老板对你的看法，并不会改变你是谁。有了这样的自我认知，你就能无视老板离奇的评价，避免受到煤气灯操控。

家庭——如果你觉得自己是个善良、有爱、大方的人，亲戚对你的不实评价就不会困扰你。你甚至会用同情的眼光看待他们，提醒自己他们才是可能对家庭聚会感觉紧张的人，因为你根本不在乎他们对你毫无根据的评头论足。

选择 2：陷入煤气灯操控

伴侣——你想方设法争取他的认可，担心如果这么完美的人认为你太敏感，你就是真的敏感，也可能这就是问题所在。你赢得他们认可的方法，是同意他们的看法，于是，煤气灯探戈开始了。

工作——如果你对自己的看法完全取决于老板对你的认可，你就会开始思考他们说的有道理。在明知他们的说辞并非事实的前提下，一旦你开始接受，你就只会进一步被他们操控。

家庭——如果你总是在意家人的想法，那么他们对你不实的评价，可能会让你失去自我。你开始认为他们说的可能是对的，你就是自私自利，不关心家人。于是，你拼命想让他们认为你的本意是好的。

—— 弄懂这种行为 ——

脆弱的自我意识和维持积极关系的需求

如果我们对自己的看法完全取决于伴侣对我们的认可和看法，这是会危害心理健康的。然而，想让爱和信任的人积极看待和准确镜像自己，是人类的需要。

当我们允许自己需要另一个人时（尤其是以一种脆弱的方式），就特别容易受到对方消极镜像的影响（例如，"你从不 / 总是 / 一贯……理解 / 做 / 看错了"）。我们开始相信对方定义和评价我们的话语。

消极镜像中隐含的情感操控，破坏了我们的自信和个人能动性，让我们觉得自己不讨人喜欢，加剧了我们最严重的自我恐惧。所以在这些时刻感觉很痛苦，是能够理解的。

更深入地理解"为什么"

脆弱的自我意识

把脆弱的自我意识，暴露给我们选择"需要"的人，是个可怕的提议——尤其是在我们感觉自己最脆弱的时候。

如果我们童年时期的父母镜像大多是消极的、挑剔的和爱批评的，我们很可能会发展出一种没有安全感的、容易分裂的自我意识，这就是脆弱的自我意识，伴随着真实的或恐惧的不足、内疚和羞耻感。我们内心的对话围绕着这个问题展开："我如何才能让对方看到我、认可我、爱我？"

当煤气灯操控者的批评和指责重现了我们童年时期的创伤，并戳中了我们脆弱的自我意识时，这就可能是毁灭性的。

深入思考，寻找自我

你熟悉上文提到的这些感觉吗？想仔细分析一下吗？

_____

如何摆脱煤气灯操控

阅读上文时,你想到了什么?

你认为自己小时候通常是积极的,还是消极的?

消极的和批评性的镜像,如何影响了你的人际关系?

积极的和支持性的镜像,如何影响了你的人际关系?

请你花点儿时间,同情和鼓励自己——无论你想说什么,先给自己一个拥抱。这项任务很有挑战性,当你继续前行时,一定要感谢自己勇气可嘉。

> 我可以是某人的,但仍然是我自己的。
> ——谢尔·西尔弗斯坦

以下情况，更容易发生第一阶段煤气灯操控

（在符合你的选项前打钩。）

☐ 如果你很容易被那些振振有词的人动摇。

☐ 如果你非常能够体恤那些看起来受伤、沮丧或需要帮助的人。

☐ 如果你渴望自己是对的，并希望别人认为你是对的。

☐ 如果被人喜欢、欣赏或理解对你而言非常重要。

☐ 如果能够解决问题，确保一切顺利对你而言非常重要。

☐ 如果你有很强的共情能力，而且很容易向操控者的想法妥协。

☐ 如果你渴望维系好这段关系。

☐ 如果你想凑合着维持这段关系，因为心里很难放下对方。

☐ 如果你渴望保持自己对操控者的好感。

☐ 如果你很难承认别人对你不好。

☐ 如果你对分歧或冲突感到不安。

☐ 如果你更愿意依赖他人，而不相信自己。

☐ 如果你经常担心自己不够善良、不够有能力或不值得被爱。

☐ 如果你已经把操控者理想化或浪漫化了，或者已经付出很多来维系这段关系，再或者是因为你更想赢得对方的认可。

> **蛛丝马迹——用你自己的话说说看**
>
> 以上选项中，有哪几项是你担心的？
> _____
> _____
>
> 其中是否有哪几项让你最担心？
> _____
> _____
>
> 哪几项你很想能有所改变？
> _____
> _____
>
> 有没有改变的可能？你会怎么做？
> _____
> _____

当批评成为一种武器

假设你正在跟一个时不时会发脾气且会大喊大叫的男人交往。你讨厌被吼，但你愿意忍受。所以当他开始大声说话，你会平静地说："请不要对我大喊大叫。别吵了，去睡觉吧。"但如果你的男朋友说"我不明白你为什么要这么敏感！"或者"我可没有大喊大叫，我只是正常在说话"呢？

同样，你可以选择如何回应。比如，你可以说"我不想继续这段对话"或者"我觉得我们看待问题的角度不同"，甚至"你可能是对的"（而不是说他是对的）。你同样可以结束争论，不让自我意识受伤害，但如果你能不屈就于他的观点而做出回应，那你的选择就是拒绝潜意识中的趋同心理，这是一种很好的自我保护。

学会用爱人的眼光看待自己，可以极大地促进个人成长，就像所有的重要关系里，都少不了接受批评。

然而有时候，煤气灯操控者会把批评用作对付你的武器——让你感到焦虑和脆弱，沦为一摊烂泥。这时候，批评就成了他的情感末日，因为你非常容易被这些批评影响。煤气灯操控者的批评中可能有一部分是事实，但它只能起到破坏作用而毫无帮助。

一旦你感觉自己受到了伤害或攻击，你就应该停止听信别人的话，把注意力拉回重点：不管你做了什么，或者没做什么，你都不应该被这样对待。

意在伤害对方的批评通常……

- 包含谩骂、夸大或侮辱
- 在争吵或愤怒的交流中出现
- 在一方想要赢得争论的时候出现
- 在你反对或希望结束对话的情况下出现

- 似乎无缘无故出现
- 会将问题的焦点从对方转移到自己身上
- 会在你不知道如何回应的时候出现

这点很重要，我要重复一遍

以伤害对方为目的的批评不要听，尽管批评的内容中可能包含一定的事实。如果你的"空中乘务员"指出有人把事实当作武器，那就不要再听，立刻停止对话。否则，你很有可能陷入煤气灯探戈。

> 你的腿会变得沉重又疲惫。随后感受你成长的双翼振翅飞翔。
>
> ——鲁米

解释陷阱

"解释陷阱"即想方设法掩饰那些困扰你的行为，包括煤气灯操控。你会找到看似合理的解释向自己证明这些危险信号并不危险。

你只是在选择性地看待他的行为，哪些可以解释，哪些你故意视而不见。先不急着回应，留意你的行为、感受和动机，问问自己，是不是陷入了**解释陷阱**。

以下是你可能陷入"解释陷阱"的四种方式。

1. **"与他无关，都是我的错。"**——我们会把关系中出现的一切问题解释为是我们自己造成的。这种解释吸引了我们中的很多人，因为它给了我们一种暗示：我们是无所不能的。如果煤气灯操控者的不良行为都是我们造成的，那么我们就彻底掌控了局面。我们要做的就是更加努力，关系一定会得到改善。

2. **"他感觉很抱歉。"**——我们会把对方的悲伤、愤怒或沮丧与真正的遗憾混为一谈。通过关注他的坏情绪，自欺欺人的相信他真的在乎自己。在幻想中，我们看到的不是一个几乎不管我们感受、只顾他自己的人，而是一个敏感、有爱心、对自己所作所为感到不安的人。

3. **"无论他怎样，我都不会被影响。"**——如果其他解释都行不通，我们还是可以试着说服自己，我们是，或者应该是，不受他人的不良行为影响的。有时，我们只是"决定"不去介意某个行为；有时，我们索性忘记它的发生。无论如何，我们都在努力让自己看起来更强大，好让煤气操控者的行为影响不到我们。

4. **"无条件的爱"**——你可以侮辱我、无视我，或者提出无理要求，我不会受到任何影响。这就是我的优点，也是我对你的爱。说到底，你和你的行为并不重要，重要的是我和我的爱。

弄懂这种行为

解释陷阱和相互影响的关系——每对伴侣都会互相影响——这是爱的悲哀，也是爱的乐趣。我们很可能受对方行为的影响，如果不可能，那跟自己谈恋爱就够了。我们也许会有意无意地感到，爱真的不是一道选择题，我们永远不会遇到任何人能慷慨地给予我们，以同理心照顾我们，并以我们需要和想要的方式支持我们。我们可能会试着把自己重塑成强大、自立和无所不能的样子，完全靠自己解决问题。这可能造成对方无法发挥能动性，失去双方关系中可能拥有的乐趣。

我们不关注自己在一段关系中的真实感受是满足还是空虚，是被爱还是被忽视，而是执着于幻想，试图通过找借口，或自己努力成为更好的人，来弥补所爱之人的缺点。我们拒绝承认，并允许他们对我们进行操控。我们对心理虐待和戏剧性细节产生了异乎寻常的容忍度，这一切都是为了维持幻想和关系。因此，我们让自己敞开心扉接受煤气灯操控。

我完全赞同那些想努力维系一段关系的人。我认为任何恋爱关系都需要一定程度的自我牺牲——爱并不总是那么容易的。我的目的，是帮你意识到关系中任何潜在的破坏性模式和行为，并帮你以最有建设性的方式解决它们。

看看你的现实生活：煤气灯操控下发生的事——尽管你的煤气灯操控者有时也真的能顾及你，但他们还是抵挡不住自己的心理需求，通过向你证明他们是对的，并要求你的认同来重建他们的自我存在感和权力感。不管你和你的感受有多少在他们的考虑范围内，他们真正关心的事情只有一件事——让你认同他们是正确的。假如煤气灯操控者因为不能左右自己的环境而度过了糟糕的一天，比如职场或社交圈，那情况尤其如此。

更深入地理解"为什么"

相互影响的动态关系，指的是两个人在当下如何反应和相互回应。它可以是积极的、消极的，或中性的。人际关系是一个动态系统，意味着我们如何影响彼此，是处于潜在变化的恒定状态。

同样重要的是要认识到，每个人在当下如何反应和回应是可选择的。例如，我们的语言和行为，以及我们说话的方式，都会对对方的反应和回应产生巨大影响。所以，双方都对共同建立的互动关系负有一定责任。

如果你只想操控互动关系，不管自己或对方的不良行为，那你其实就是为了双方活在谎言里。

> **深入思考，寻找自我**
>
> 当你开始探究童年时期如何影响自己的看法以及人际关系时，请你想一想，哪些对你现在的心理倾向产生了影响，让你对自己或操控者的不良行为视而不见，总想找借口开脱。
>
> 你对人际关系的哪些看法，可能导致了你对操控者行为的纵容？比如："我认为没人能给我我真正需要的东西。"
>
> _____
> _____
>
> 你还记得自己是从什么时候开始有这种看法的？
>
> _____
> _____
>
> 这种看法如何影响你在这段关系里的选择？
>
> _____
> _____
>
> 你的选择如何影响对方以及你们的整体互动？
>
> _____
> _____

你可能会想方设法解释对方的行为，精心设计一个听上去令人满意的理由，把所有错误推到自己身上，好像自己完全有能力解决这些问题。

思考一下，你也许可以用自己的方式忽视对方的需求，就像对方漠视你的需求那样。（这并不代表煤气灯操控是可以接受的，但这样可以帮你有意识地采取行动，让关系变得健康。）

> **结合自己说说看**
>
> 你的伴侣有没有什么需求一直被你忽视？
> _____
>
> 我现在意识到，我的伴侣想从我这里得到_____，以前我没意识到这点。
>
> 是什么让我一直忽视了对方的需求？比如："我光顾着辩解了，我也只能为自己辩护了。"
> _____
> _____
>
> 为什么我没有回应这些需求？比如："我对他的操控式回应感到非常生气，我选择无视它们并反对他。"
> _____
> _____

在与煤气灯效应做斗争时，可能很难反思自己在煤气灯探戈中的角色。请记得观察自己的感受，并对自己保持耐心和同情。

如何摆脱解释陷阱？

让你的"空中乘务员"替你把关，他们会帮你看清真正能解决问题的解释和让你忽略现实的解释之间的区别。

如果你感到焦虑、不安或困扰，不得不一遍又一遍地重复你的解释，对自己或对朋友，这就足以表明你在试图为一些事找借口，真正有用的解释会给人带来理解和同情的释然，而解释陷阱往往只会助长它想要一再压制的焦虑。

找到"空中乘务员"的一些方法。当你按照以下方法实践时，可能会出现不舒服的感觉。没关系，这恰恰表明你正在获取解决问题所需的内在智慧。坚持住，观察这些感受，看看有没有什么新发现。

- **写日记**。如果你感到困扰或不安，那就坚持至少一周写日记，每天至少写3页。尽可能快地写，不要停下来进行自我审查或斟酌自己的想法。等待真相自动浮出水面。

- **接纳自己的所有感受**。记住，任何感受都可以，都在为你提供信息。你的情感生活可以为你的一些简单问题提供答案：那种情况或那个人，会让你感到振奋和愉快，还是不愉快不开心？对自己的每种感觉都要保持好奇：你的情绪在告诉你什么？

- **冥想**。冥想是一种能让头脑清醒、保持镇静的活动。许多人表示，每天只需冥想15分钟左右，就会发现内心的明净，在冥想过程中或者一天中的其他时间，内心最深刻的想法和感受就会浮现出来。大多数瑜伽中心都提供冥想课程。在此推荐一下莎伦·萨尔茨伯格的经典著作《慈爱》。

- **动态冥想**。通常来说，像瑜伽、太极拳和各类武术这样身心合一的锻炼方式，都属于动态冥想。这些运动会让你的身体更加灵活，同时有助于打开你的思想、心灵和精神。它们是恢复你的独特视野，重新联结你最深刻、最真实的感知的绝佳方式。

- **正念练习**。当你呼吸时，重复一段箴言或一句哲理，也就是一段让人平静、鼓舞人心的话。我喜欢释一行提出的"呼吸吐纳，缓慢深沉，平静自在，微笑放松"。把意识集中在当下，保持内心平和，会让你头脑更加清晰。

- **学会独处**。很多时候，我们的生活忙忙碌碌、按部就班，没有时间与自我进行沟通。心理学家托马斯·摩尔将灵魂比作害羞的野生动物，暗示我们要在森林边耐心等待它出现并分享它的智慧。如果你感到与外界脱节或困惑迷茫，也许你需要的只是花些时间来重建联结。

- **花时间与朋友或家人在一起**。有时候，即使是在第一阶段的煤气灯操控中，我们也会发现，除了与操控者有接触，自己变得越来越与世隔绝。即使我们没有和那个令人烦恼的男朋友、女朋友、同事或老板待在一起，我们满脑子也都是他或她可能会说什么、想什么、有哪些期待和要求。多跟一个能像你看待自己一样看待你的人在一起，是重拾自我认知的绝佳方式。

> 无法独处将一事无成。我为自己创造了一种无人知晓的独处方式。
>
> ——巴勃罗·毕加索

摆脱煤气灯探戈的第一阶段

在煤气灯操控的第一阶段,识别并摆脱煤气灯探戈非常重要。这是三个阶段中,唯一一个你不仅有机会停止煤气灯探戈,而且还可能完全摆脱煤气灯操控的阶段。

那么,如何摆脱煤气灯探戈?以下是一些具体建议。

与约会对象

- **注意观察**。留意你认为重要的事情和他认为重要的事情之间的差距。
- **厘清自己的想法和判断**。如果他因为一些事指责你,问问自己是否认同他对你的评价。
- **保持幽默感**。如果在某件事情上,他似乎比你更认真,你要坚守自己的感觉,甚至那些荒谬至极的想法。
- **坚信自我,不参与争论**。通常,当有人指责你做了荒谬的事情时,什么都不说是最好的回应。试图证明谁对谁错,势必会触发煤气灯探戈。

- **关注自己的感受**。约会过程中，你会发现自己有这些感受吗？恼怒？焦虑？欣喜若狂？也许现在说这些感受意味着什么还为时过早，但至少你可以注意到自己有这些感受。
- **保持清醒的头脑**。约会结束后，再次审视自己，了解两人关系的整体进展。如果好的方面多于坏的方面，你很可能还想再见到这个人，但也要记住那些让你感到困惑或困扰你的部分。

与老板或上司

- **看清操控模式**。虽然老板对你进行了煤气灯操控，暗示你情绪不稳定、无法承受压力，但你还不知道他是一直都在进行这种操控，还是只在某些情况下才这样做，比如当你犯错、表现特别好或似乎遇到什么困难时。了解老板的操控模式可以帮助你弄清自己的容忍度。
- **了解老板的底线**。煤气灯操控是否一定会招致惩罚（如改变工作安排、克扣工资、解雇）还是只是一种心理游戏？同样地，看清形势以后，你就能清楚自己的处境。
- **限定联系边界**。有些老板在我们的工作中属于核心人物，需要经常接触，而有些则很少参与到我们的工作中，更多的是私下联系。没有人喜欢被上司操控，但如果老板在你的日常工作中扮演的角色不太重要，那么你可能会更容易忍受他的行为。

与家人

- **拒绝争吵**。这条建议知易行难，你可能已经听过很多次了。然而，这却能很好地帮你避免与父母、兄弟姐妹或脾气执拗的婶婶跳煤气灯探戈。尤其是在家人之间，这种操控模式更难打破。拒绝参与煤气灯操控者的对话往往是最有力的回应。

- **放弃一定要别人认为你正确的执念**。一旦你需要别人认为你是正确的，你就有可能被煤气灯操控。我不是说让你放弃在内心认定自己是对的。但是，只要你真的不在乎亲属如何看待你的对错，你就能很好地摆脱家人的煤气灯操控。

- **放下被理解的追求**。一位来访者曾经问我："我理解他们，但他们为什么不能理解我呢？"被人误解的感觉很难受，要是误解你的是你的家人，那就更难受了。因此，一味追求被理解也会让你的煤气灯操控者有机可乘。

停止煤气灯探戈

你该如何阻止煤气灯操控？以下这些建议，对任何阶段的煤气灯操控都有效，但在第一阶段尤其有效。

不要问自己"谁是对的？"，问问自己"我喜欢被这样对待吗？"

- 正如我们所看到的，让我们陷入煤气灯操控关系的最大诱因之一就是我们需要确保自己是对的。担心自己不够好，担心自己太敏感，担心自己把事情搞得太复杂，这些都会让我们变得越来越沉默，更容易受到他人的操控。但是，如果我们注意一下别人是如何对待我们的，我们就能消除很多疑惑。

不要担心自己"好不好"，因为你已经足够好了。

- 我们拼命想让别人觉得自己友好善良、慷慨正直、善解人意，对伴侣的需求有求必应。我们不关注伴侣是如何对待我们的，反倒把所有注意力都放在了自己的表现上。在一段关系中，这或许是让人承担责任的一种有效方式，但也会掩盖很多信息，让我们看不到事实上我们的伴侣对我们并不好。

事实性的东西无须争论

- 更重要的是，你要让他明白，你不愿意在这些问题上争论。你知道什么是对的，这就足够了。有些事情是不容争辩的。

始终坚守自我认知

- 你的任务就是抵制这种作为武器的批评，保持真实、平衡和有同情心的自我评价。面对操控时，这并不容易，但对于维护自我认知很有必要。

想一想：倾听你的自我对话——如果煤气灯操控者说"你真健忘"之类的话，试着在双方跳煤气灯探戈前阻止它。理想情况下，你的内心对话不外乎以下三种。（你认为哪种回应更符合自己？）

- ☐ "他说得对吗？我真的这么健忘吗？我上一次忘事是什么时候？我想不起来了。但我觉得他这次真的太夸张了！"
- ☐ "他说得对吗？我真的这么健忘吗？我上一次忘事是什么时候？好吧，上周我确实忘了买牛奶，也许他说的是这件事。再往前一周我还忘了去拿干洗的衣服。但是，两件小事加起来还算不上'健忘'，所以没什么好担心的。"
- ☐ "他说得对吗？毫无疑问，他肯定是对的！我从5岁起就很健忘。我就是'健忘专家'的鼻祖。但是，那又怎样呢？他不可以利用我的缺点来对付我，也不应该用这种方式打击我的自信。我可不会把注意力放在这个缺点上，我也不想让他过多关注这个问题，因为这没什么大不了的，我在其他方面真的很优秀。"

如果你选了这些选项中的任何一个，做得好——你已经避免了跳煤气灯探戈！重要的不是谁能赢得争论，而是你希望得到怎样的对待。避免有关对错的争论。

勇气是人生静好的代价。
　　　　　　　　　　　——阿米莉亚·埃尔哈特

练习退出与煤气灯操控者的争论

避免争论对错时可用语录

- "你说得对,但我不想继续再争论了。"
- "你说得对,但我不喜欢你跟我说话的方式。"
- "没有争吵谩骂的话,我很乐意继续这场对话。"
- "现在谈论的话题让我很不舒服。我们以后再谈吧。"
- "我认为这次谈话可以到此为止了。"
- "我觉得我现在没有建设性的想法。我们下次再谈吧。"
- "我想我们必须允许双方保留不同意见。"
- "我不想再继续争论下去了。"
- "现在停止对话吧。"
- "我明白你的意思,我会考虑的。但我现在不想继续谈下去了。"
- "我真的很想继续谈下去,但除非我们能用更愉快的语气谈,否则没必要继续了。"
- "我现在的感觉很不好,我不想继续谈下去了。"
- "你可能没有意识到,你在指责我不知道什么是事实。恕我直言,我不同意你的看法。我爱你,但我不想再跟你说这个。"
- "我喜欢跟你进行密切交谈,但不是在你贬低我的时候。"
- "也许你无意贬低我,但我觉得被贬低了,我不想再继续说

> 下去了。"
>
> - "现在不是谈论这个的好时机。让我们另选一个合适的时间吧。"

允许自己生气，但是不要陷入有关你的感受或者你是否有权利被倾听的争论中。

> **可以表达愤怒但能避免争论的语录**
>
> - "请不要用那种语气跟我说话，我不喜欢。"
> - "你一大喊大叫，我就不明白你到底想表达什么。"
> - "你一用轻蔑的语气跟我说话，我就不明白你到底想跟我表达什么。"
> - "你冲我大吼的时候，我不想跟你说话。"
> - "当你轻蔑地对我说话时，我不想搭理你。"
> - "我不想再继续争论下去了。"
> - "在我看来，你是在歪曲事实，我真的不喜欢这样。等我冷静下来再跟你说。"
> - "也许你无意伤害我的感情，但我现在太难过了，不想说话。我们以后再说。"
>
> 选择一句话来总结你的想法，然后简单地重复这句话，选择最符合你和你当前处境的语言风格，多尝试，直到找到适合你的方式。

结合自己说说看

以上哪种措辞最符合你?写下来。有必要的话,调整一下。

_____

_____

现在,对自己重复说这些话,直到你觉得说起来舒服,直到感觉是你自己说的话为止。

喊停煤气灯探戈非常具有挑战性,但大多数变化都是这样——偶有反复,但会一点一点改善。如果你没有取得想要的效果,那就考虑找一个治疗师、加入一个帮助小组或找寻其他心理援助。

反思:选择一段关系——既然我们已经探究了煤气灯操控的第一阶段,那让我们结合自己的关系想一想。请选择一段你想反思的关系,并尽可能诚实地回答以下问题。

请花点儿时间描述一下,你想反思的关系

在你们这段关系中,煤气灯探戈是什么样子的?

_____

_____

选择一个特定的煤气灯操控时刻,你的操控者当时是怎么做的?

如何摆脱煤气灯操控

_____

_____

你当时是怎么做的？

_____

_____

有了新的知识，并反思了煤气灯操控的互动关系，如果现在再次出现这种时刻，你会如何鼓起勇气选择退出煤气灯探戈？

_____

_____

如果你能在第一阶段就停止跳煤气灯探戈，你已经处于领先地位了，因为你避免了进入第二阶段甚至第三阶段。在下一章中，我们将会看到，越是执着地想要赢得操控者的认可，就越是难以停止煤气灯探戈。你越早退出这种模式越好，好在现在你已经拥有了新的知识、更深刻的洞察力和新的语言来支持自己前进。

第四章

第二阶段：
"或许你说得
有道理。"

在本章中，我们将重点关注煤气灯操控第二阶段的具体关系互动，探讨你是否进入了第二阶段。你可能会想："有什么区别？任何关系不都多少有点儿操控成分？"

你说得非常对。由于人际关系可能有不同程度的煤气灯操控关系互动，我们的目的是关注第一阶段、第二阶段和第三阶段的关系互动有什么不同，以及它们在我们的关系中是如何演变的。

第一阶段的特点：拒绝相信

你无法相信你的另一半会说出这些蠢话，疯狂的指责你，或是企图告诉你你有问题。最终，随着时间推移和不断重复，当对方继续固执己见并打击你的看法时，你开始怀疑并自问："他会不会也许是对的？"但在这个阶段，你仍坚定自己的想法。

第二阶段的特点：需要自辩

你更加努力地为自己辩护，想让煤气灯操控者认可你是一个优秀、有能力、值得被爱的人——但他却变本加厉地证明他是对的。你不断地为自己辩护，反复寻思另一半说了什么，你说了什么，以及谁对谁错。

如果你不认同煤气灯操控者的观点，他可能会放大他情感末日的表现：更大声地喊叫、更刻薄的侮辱、更频繁的冷暴力。当你的煤气灯操控者发生情绪爆炸时，你不再想："他是怎么了？"相反，你只有两个选择：要么去安抚他，要么为自己辩解。

意想不到的开悟时刻

一个写下你自发见解的地方：

_____

_____

你是否进入了第二阶段？

（在符合你的选项前打钩。）

☐ 感觉自己没有平时那么坚强？
☐ 与朋友和爱人见面的次数越来越少？
☐ 开始不太认同你曾信任的人的看法？
☐ 越来越频繁地为你的煤气灯操控者辩解？
☐ 在描述这段关系时会刻意抹掉很多细节？
☐ 在自己和他人面前为他找借口？
☐ 经常满脑子都是他？

- ☐ 很难厘清你们过去意见分歧时的状态?
- ☐ 私下里或者在人前,总是过分纠结你是如何让他生气、丧失安全感,进行冷暴力或其他不愉快行为的?
- ☐ 经常会思考你是否应该有所改变?
- ☐ 比之前哭得更多了?
- ☐ 更经常并且(或者)更强烈地被一种"隐约觉得哪里出了问题"的感觉所困扰?

蛛丝马迹——用你自己的话说说看

当你再看一遍以上你打钩的选项时,有没有对其中任何一项感到惊讶?

你有没有特别担心其中的哪几项?还是说,你尽量回避去想它们或它们对你生活的影响?花几分钟时间,大胆自由地写写看,分析一下这些行为对你情感生活的影响。

哪几项是你最想改变的?如何才能迈出第一步?可能会遇到哪些障碍?如何做才能最好地解决这些问题?

你关系之河的故事

可视化

现在让我们换个角度，来看一下你正关注的这段关系。我请你再次潜入你的生命之河，但这次它将是关于你们这段关系。寻找那些试金石和决定性时刻，它们可能会透露你是否已经进入煤气灯操控的第二阶段，以及何时进入的。

允许自己回顾一下你们这段关系，从认识的第一天起到现在。

你的旅程

- 准备一张白纸，在左下角写下你们关系开始的日期，在右上角写下今天的日期。
- 接下来，在你们开始的日期和今天的日期之间，画一条"关系之河"，它可以是一条直线，也可以有许多蜿蜒曲折、有支流或没支流的线，你自己决定。
- 现在，闭上你的眼睛（如果舒服的话），或者只是低下头想象你在河岸上，登上一艘浮在水面上6米左右高的气垫船。从关系开始那天到现在，你都将乘坐这艘气垫船沿着你的"关系之河"旅行。
- 当你漂流时，注意水下的试金石，让它们代表你感知或感受到鼓励或压抑的那些时刻。请注意那些刻在你记忆中的决定性时刻。

- 写下或画出河流中那些决定性时刻，并花几分钟时间关注一下。你感觉怎么样？想到了什么？

```
                                          今天的日期



你们这段关系开始的日期
```

决定性时刻、关键试金石和感受

写下或画出这些铭刻在你记忆中的决定性时刻和感受。

现在，跳出原有思维，看看你们关系之河的故事。在我们继续探索煤气灯操控第二阶段时，请记住你的关键要点，随着你的关系继续成为探讨焦点，请对自己保持开放和温柔。

自我发现就像在攀爬崎岖的山路，你不断地看到眼前的风景，但每次都从不同的角度。

从第一阶段到第二阶段

在第一阶段

- 你想赢得煤气灯操控者的认可，让他认可你是一个优秀、有能力、值得被爱的人，但你也能接受自己没有得到他的认可。你会坚守自己的观点，当他们说了一些不太正确的话时，你会反驳他。
- 当他表现得很受伤或很困惑时，你想的是："他怎么了？"
- 你认为自己的观点是对的，而他操控你时的观点是错误的、扭曲的，甚至离谱的。
- 你对正在发生的事有自己的判断，但你不确定自己会喜欢一个因为一点儿小事就发火的人。

在第二阶段

- 你渴望赢得煤气灯操控者的认可，这是能让你相信自己是优秀、有能力、值得被爱的人的唯一途径。
- 当他表现得很受伤或很困惑时，你想的是："我哪里做错了吗？"
- 你认同他的观点，也拼命想让他听听你的看法，因为你害怕他对你的指责也许是对的。你需要通过得到对方的认可来证明你是优秀、有能力、值得被爱的人。
- 你失去了做出判断或看清全局的能力，反而纠结于他指控的细节以及对错。

理解这种行为

从第一阶段到第二阶段：依恋理论简介（焦虑与安全）

作为一个孩子，你的关系发展从出生开始。作为一个天生的社会关系人，你立即开始学习人际关系如何运作以及如何融入其中。

这些早期经历是如何展开的对你至关重要，因为这种发展经历，形成了你内在了解如何建立关系的基础，并影响你未来的所有关系。

例如，如果你没有感受到主要看护人的爱、重视或尊重，就可能在你和他人的依恋及关系方面产生焦虑。

如果在童年期就习得了关系不安全感，会让你成年后更容易受到煤气灯操控的影响。你已经了解并认为焦虑和某种形式的虐待是正常且可以接受的，像寻求他人的认可、放弃自己的需求，通常被你认为是维持情感安全和关系的唯一途径。

更深入地理解"为什么"

从依恋理论我们了解到，早期的依恋经历会因主要看护人而变得安全或焦虑，这取决于婴儿或儿童对其主要看护人的情感联结和安全感程度。

这些早期的关系体验形成了你的依恋类型。研究表明，我们会把依恋类型带入成年生活，不知不觉中影响了我们的成人关系。

在你会说话前，你和你的看护人生活在一个关系的世界里。对你们来说，这种关系体验既有积极的，也有消极的。这种主体间关系互动的重复性，被编码在你成长中的程序性记忆或内隐记忆里。也就是说，它成了你对关系如何运作的无意识理解，心理学家称之为内隐认知。

把它想象成我们小时候学习的关于如何建立关系的程序规则书（无意识图式）。从依恋理论的角度看，这种现象被称为儿童发展中关系的"内部工作模型"。

深入思考，寻找自我

你如何看待人际关系？

你小时候和谁在一起最有安全感？为什么？

_____

_____

你小时候和谁在一起最没有安全感？为什么？

_____

_____

你会如何形容你与这些人的依恋类型？（是开放的 / 信任的，还是封闭的 / 不信任的？）

_____

> 你能描述一下你渴望建立的关系吗?
>
> _____
>
> _____
>
> 对你来说,爱情关系中最重要的品质是什么?
>
> _____
>
> _____
>
> 对你来说,友谊或合作关系中最重要的品质是什么?
>
> _____
>
> _____

"实时防御":你是否陷入了第二阶段?

"我总是处于戒备状态"

做一下以下测试,获取更多线索。

情景 1——为了庆祝你工作晋升,男朋友决定带你出去吃大餐,你很兴奋。然后他说:"看到你这么放松、这么开心真是太好了。过去的几个星期,你一直在对我发火。"你努力保持冷静,问他说这话是什么意思。他说:"你忘了吗,前几天我说你那件衣服穿上显胖,你很生气,半个小时都不和我说话。你也太敏感了吧?"

此时你会说：

A. "你疯了吗？没人告诉你应该怎么跟女人说话吗？"
B. "听到这个真是太扫兴了。我只是想度过一个愉快的夜晚。这个问题我会解决，但能不能不现在说？"
C. "对不起。我想我应该更加自信一些。"
D. "不管你说得对不对，我可不想现在挨你的批评。"

情景 2——你正在回家的路上，一想到丈夫正在家里等你。你的感觉是：

A. 尽管你也很想和朋友一起吃饭，但见到他很高兴。
B. 见到他很高兴，但有点儿紧张。因为他最近非常易怒！
C. 一想到要见他就害怕。
D. 一想到要见他就不可抑制地兴奋。

情景 3——有项工作你没完成，要逾期提交了，你知道老板一定会生气。在他接管这个部门之前，你的工作表现一直很好，但自从他上任，你的业绩就开始下滑，这也是不争的事实。最近，他一直指责你想要破坏他的领导力，这次赶上逾期，他更得这么说了。

对此，你的想法是：

A. "我不知道他说得对不对。也许我真想给他搞破坏。"
B. "我不认为我在给他搞破坏，而且我对任何人都没有这样过，但我必须承认，这确实看起来很奇怪，我真的不认为我有任何隐藏的动机，但也许有些事情是我没搞明白的……"

C. "不来一支镇静剂，我都无法面对他。"

D. "在工作上我肯定是今非昔比了。我就是不太适应这家伙的管理风格。"

情景 4——你一直在努力节食，办公室里的每个人都知道。一位同事带着她经典的自制松饼来到你的办公桌旁。你礼貌地说："求你了，安妮。你知道的，我在节食。"安妮温柔地说："这些都是低脂的。而且，像你这样漂亮的女人根本不需要节食。"你说："安妮，我是认真的。如果我今天吃了你的松饼，我的整个节食计划就会被打乱。""我从来没见过有谁这么难以接受别人的善意！如果你能管理好自己的情绪，你的节食会进行得更顺利。"说完她在你桌上放了一块松饼便扭头走开了。

此时你会想：

A. "我从来没有那样想过。难道我真的很难接受别人的善意吗？"

B. "那个女人把我逼疯了！她以为她是谁？去她的吧！还有她愚蠢的松饼！我真想大吼一声！"

C. "哼，这有什么意义吗？我又胖又丑，又难相处，我吃与不吃，又有什么关系。"

D. "天哪，她可真是个控制狂！我现在要趁她看不见，把这块松饼放到休息室去。真是眼不见，心不烦。"

情景 5——你的姐姐临时打电话来请你帮忙照看孩子。凭借她准确无误的直觉，她选择了一个你碰巧有空的晚上，一个你一直渴望在家休息的夜晚。不知怎的，你不小心脱口而出，理论上你可以帮她，但现实情况不允许。她说："见不到你，孩子会非常失望。你之前说过我可以随时打电话找你帮忙的。我想你可能更喜欢被人叫阿姨，而不是真的承担实际责任吧。难怪你没有自己的孩子。好吧，如果你是这样想的，你的决定很'明智'。"

此时你会说：

A. "哦，不，你误会了。我爱你的孩子。我愿意承担责任！请收回那些话！"

B. "你怎么能提起这件事？你知道我因为没有孩子有多痛苦！你到底想对我怎么样？你怎么能这样折磨我？"

C. "你说得对，我确实说过你可以随时打电话过来。真不敢相信我是这么不负责任。请原谅我。一定要让孩子知道我有多爱他。

D. "我是说过你可以随时打电话过来，但我没有答应每次都帮你照看。不好意思，今天晚上我不方便。下周怎么样？"

蛛丝马迹——记下你在每个情景中选择的回应。哪个选项是你选的最多的？

情景 1：

情景 2：

情景 3：

情景 4：

情景 5：

答案

如果你的回答是 A：你正处在第一阶段，你会寻求操控者的认可，但仍坚守自己的观点。不过要小心，第一阶段的煤气灯操控很容易滑向第二阶段。

如果你的回答是 B：你似乎已经进入了第二阶段。你迫切地渴望赢得操控者的认可，希望他认为你优秀、有能力、值得被爱，以至于你开始从他的角度看待问题。你会努力为自己辩解，但你可以看看自己花了多少精力与他争论，只为向自己证明他的可怕评价不是真的。某种程度上，你已经让他赢了——你满脑子想的都是他的看法。

如果你的回答是 C：看来你已经放弃为自己辩解了，只是努力在让自己接受失败。尽管你想赢得操控者的认可，但你基本上已经放弃了希望。如果这是你真实的感受，那么你已经走过第二阶段，进入了第三阶段。你可能更想跳过去读下一章的内容。

如果你的回答是 D：恭喜你！你紧紧抓住了现实，抵制住了趋同的心理，适时退出了争论，而不是急于证明自己是对的。你可能很关心你的操控者，但没有他的认可，你的正常生活也不受影响，因为无论他或其他人怎么想，你都清楚自己多么善良、有能力，多么值得被爱。仅仅是设想一下这种回应方式，就已经向前迈出了一大步。

第二阶段的三种煤气灯操控者

任何类型的煤气灯操控都可能进入第二阶段，但每种类型的操控者都会以不同的方式强化他的操控程度。

"威胁型"煤气灯操控者

行为示例——在第二阶段，操控者很可能会加大火力。他展现情感末日的方式可能不止一种。

- 大喊大叫
- 制造内疚感
- 贬低你
- 使用冷暴力
- 威胁要抛弃你
- 说一些很可怕的预测（"你太笨了，根本不可能通过司法考试，为什么还要试呢？"）
- 利用你最害怕的事情（"你跟你妈简直一个样！"）

有些操控者在外人面前收敛，或在公共场合善良体贴，但私底下却待人无礼，言辞极为刻薄。有时，也可能是这两种情况的混合。

第四章 第二阶段："或许你说得有道理。"

> **蛛丝马迹——用你自己的话说说看**
>
> 有没有你经历过的事情不在清单上？请回顾一下你个人的经历、想法和感受，你将如何描述它们？自由地写，尽可能深入细致地写出你的想法。
>
> _____
>
> _____

"威胁型"煤气灯操控者的关系互动

- 一个迫切需要自己什么都对的操控者，无论话题是什么。
- 情感末日。在这种情况下，大喊大叫、言辞侮辱和行为鲁莽可能会同时出现，被操控者会感到更加恐惧、困惑，甚至绝望。
- 趋同心理。此时被操控者仍然希望她和操控者能够彻底达成一致。
- 煤气灯探戈——你还在试图向操控者证明，他们误解了你，不该这么认为你。

你可以反击，但这并不能阻止煤气灯操控。操控者仍然致力于确保自己永远是对的，而你仍然致力于赢得他的认可。争论的结果并不会改变这一点，即使你赢了，你仍赋予了他们定义你自我认知的权力。所以你拼命争论，要让他们肯定你有多善良、有能力，值得被爱。

抵制趋同心理，退出争吵——选择退出争吵不一定就能让你的操控者收敛自己的行为，但至少你坚持自我意识，致力于你想要的。如果你坚持选择退出，并坚持你所说的、你想做的和你会做的，他们才可能会重新审视自己的行为。

> **想一想——结合自己说说看**
>
> 你有过类似的经历吗？你还记得双方交流时的感受吗？
> _____
> _____
>
> 想想那种感觉，你会说些什么来选择退出，并用一种清晰、富有成效的方式结束争吵？
> _____
> _____

"魅力型"煤气灯操控者

"魅力型"煤气灯操控者也许更难识别。在第二阶段，"魅力型"操控者可能会让所有人都相信问题不在于他，而是因为你不敢接受幸福，不够灵活变通，或者不能容忍平凡的不完美。他们并没有真正回应你和你的担忧，和"威胁型"煤气灯操控者一样关心只关心自己的绝对正确，但他们制造了一个非常有吸引力的假象。

行为示例

- 他约会经常迟到三小时,或者从来都不在约定时间到达,但他每次出现时会送你一大束玫瑰,令你神魂颠倒。当你抱怨时,他反过来指责你控制欲强、性格多疑、固执死板。
- 他会经常用浪漫的举动来给你制造惊喜,不过这些举动往往并不合你心意。但他对自己的做法似乎很满意,于是你会反思自己是不是出了什么问题,收到惊喜居然会不开心。
- 他会时不时地在心理上、情感上或性爱上给你一些特别的体验,但有时候又对你极其冷漠。他对你热情,你欣喜若狂;他不理你,你倍感自责。
- 他为人慷慨大方、乐于奉献,但偶尔也会大发雷霆,或者冷若冰霜、一句话也不说,又或者会像受伤的孩子一样装装可怜。尽管他没有直接责怪你,你依然确信那是你的错,虽然你也说不清楚自己到底做错了什么。
- 当你们在一起的时候,生活很美好,但总有些小插曲显得格格不入。对一些"魅力型"煤气灯操控者来说,这些插曲可能跟钱有关,比如你的支票记录和银行账单对不上,你的信用卡账单上有些开销无法解释,你搞不懂为什么他有时出手阔绰,有时又身无分文。对有些"魅力型"操控者来说,这些插曲可能跟两性关系有关,比如当他对你疏远或者言辞躲闪的时候,你认为他一定是出轨了;但当他给你一个浪漫的拥抱,再次让你神魂颠倒的时候,你又责怪自己为何要如此多疑。

你现在可能点头认同,但仍然感到迷惑。让我来告诉你为什么吧。

"魅力型"煤气灯操控者的关系互动

- 操控者一心在向自己证明他们是个多么浪漫的人。
- 看上去他们与你有关,但他们只与自己有关。
- 他们的举止行为也许看起来充满爱心、周到、完美,但他们缺乏真实的情感联结,会让你感到孤独。
- 你把感受到的烦恼和困惑归结为自己的过错,而不会责怪对方。
- 你会接受他们的观点,放弃自己的立场。
- 你甚至会相信自己真的像他说的那样刻板、守旧、难伺候。

想要退出这场"魅力型"煤气灯探戈,你必须愿意放弃一些好处。如果你想改变这种操控行为,你必须对自己有信心,坚定自我意识。

想一想——结合自己说说看

你有过以上类似的经历吗?你还记得双方交流时的感受吗?

_____

_____

想想那种感觉,你会说些什么来选择退出,还是以明确的方式

> 结束这场交流?
> _____
> _____

"好人型"煤气灯操控者

在煤气灯操控的第二阶段,"好人型"操控者的行为也会让人很迷惑。他看起来很有合作精神,性格友善且乐于助人,但你和他在一起的时候还是会免不了有困惑和沮丧的感觉。

看看下面这些情境是否熟悉。

行为示例

- 上一秒他还在给你提着建议,告诉你应该如何应付你的母亲;下一秒,当你要继续深入这个话题的时候,他却面无表情了。你问他为什么突然间不说话了,他要么不告诉你,要么就说没事,让你不要多想。

- 你们就一个具体问题争论了几小时,比如谁去接孩子,或者下次去哪里度假。然后,他突然不争了,说要妥协完全按照你说的去做。也许他看起来并不是那么心甘情愿,但你得到了你想要的,还有什么可抱怨的呢?又或者,他非常慷慨地说:"好啊,我们就去你选的地方度假吧!你的主意一向很棒,我相信这次也不例外。还记得上次去缅因州,我们住在你找的那家可爱小巧的民宿吗?"但是,尽管他表现得很大度，你还是感到事有蹊跷。他虽然很得体地做出了让步，不管你能否意识到，你很清楚下次再有什么事，他还是会和你争到天昏地暗。而且你觉得他让步的原因并不是他有多在乎你的感受，而是他想证明自己是个好人。最后，你会觉得肯定是自己疯了，这么不领情、不知道满足。毕竟，他是那么棒的一个人。

- 无论是操持家务，还是两人的关系维护，他都会做好自己的本分，有时甚至付出更多。但你从来都不觉得他是在用心参与。当你向他寻求情感安慰或试图和他深入交流的时候，他只会面无表情地看着你。然后，你开始反思为什么自己这么自私，这么难伺候。

正如你所看到的，"好人型"煤气灯操控者总会找到办法，表面上好像一切都迁就你，但其实从来不会真正满足你的需求。

"好人型"煤气灯操控者的关系互动

- 操控者表现出"缺乏诚意的服从"，一边同意你的要求，一边明里暗里通过各种方式来表达他们的不快和怨恨。
- 操控者的情感末日是板着脸、不说话或生闷气。
- 操控者试图让自己看起来像个好人，而不是弄清想要什么和需要什么。
- 你认为一切都很好，但你经常独自哭泣，感觉孤独、压力大、困惑或麻木。

- 你想得到操控者的认可，把他们理想化，并倾向于把他们的观点置于你自己的现实感受之上。

> **想一想——结合自己说说看**
>
> 你有过被"好人型"煤气灯操控者操控的类似经历吗？你还记得当时的感受吗？
> _____
> _____

换一种方式

让我们看看，当你不再试图说服"好人型"煤气灯操控者认可自己，拒绝把他理想化，即使知道他想让你认为他永远正确，你也坚持自己对现实的看法。你不用言语反对他，用行动证明自己。

供你选择的回应方式

与其自责，不如看清楚情况。例如，"我很担心这是我的错"帮不了你，相反，试试明确地说："我老公不会表露真实的感受，一遇到不顺心的事儿，他就会板着脸（或发脾气，或指责、侮辱我），我不喜欢他这样！"

- 现在你选择退出争论，拒绝辩论既定事实，你依靠自己的认知来判断，而不是盲目相信他。
- 你不再害怕他的情感末日，以及他类似隐晦的表达"抛弃你"这样的威胁。
- 抵抗趋同心理。你不再试图说服你老公认同你的观点。
- 你只是自己做了决定，并坚守自我意识。

第二阶段：解释陷阱

提示一下，解释陷阱是指想方设法掩饰那些困扰我们的行为，包括煤气灯操控。为了对局势有掌控权，我们找出貌似合理的解释向自己证明这些危险信号并不危险。

示例——娜奥米在努力弄明白"道格拉斯的问题"时，做出了理智的应对。为什么他如此难以相处、要求多？他想惹火她或跟她冷战，背后的心理需求是什么？道格拉斯其实提供了一次引人入胜的性格研究，可以让她把自己从深厚的亲密关系中抽离，客观地看待他。

娜奥米认为，如果她对自己的遭遇做出情绪化回应，就会陷入泥潭，失去掌控，很快会厌倦自己被无礼对待和漠视。

但她总是会反复思考，让自己对这段关系保持兴致，因为他情感虐待的这一面，给了她太多机会为他和自己找理由。

当和一个更体贴、更可靠的人在一起时，这段关系就没有太多值得回味的东西了。因此，就像许多卷入煤气灯操控第二阶段的女性一样，娜奥米似乎对一段糟糕关系所带来的戏剧情节和分析解释部分更感兴趣；而一段健康却相对平淡的关系经历，反而会让她感到过于舒适而无聊。

结合你自己说说——为什么有些人如此热衷于分析煤气灯操控者？我认为主要原因有两个。

- 和难以捉摸的人打交道会让我们觉得自己更有活力。
- 尝试理解煤气灯操控者让我们觉得自己更有掌控权。

我们以为，能控制的东西越多，对事情的把握度就越高，被不靠谱的父母、朋友或爱人伤害或挫败的可能性就越小。

弄懂这种行为

你陷入"解释陷阱"了吗？非得解释不良行为的需要

对许多有不安全依恋和自我意识的成年人来说，爱或需要另一个人的本能，可能等同于对依赖、失望和放弃掌控的恐惧。这种观点很可怕，尤其当它意味着把你的脆弱自我暴露在对方的拒绝和操控下。

不安全的依恋风格，会在成年人身上表现为一种同另一半保持情感距离的策略。这种"距离上的安全感"，会在不知不觉中被当成你和你脆弱感的保护盾。

然而，关系的本质决定了一定会有失控。但专注于解释陷阱

（而不是你的真实感受），会产生一种虚假的安全感，让我们错以为自己有更多掌控权。

你依旧无法控制伴侣的行为，你只能决定自己要以何种方式回应。

如何摆脱解释陷阱？首先，关注你的情绪反应，并允许自己所有感受的存在，同时留意寻找属于你的"空中乘务员"。随着本书的推进，我们会找到更多应对方法。

更深入地理解"为什么"

"成年后的不安全依恋"（依恋理论）

对于一个依恋类型属于缺乏安全感的人来说，回避自己脆弱的感受，会产生一种虚假的情感安全感。

你下意识的内心对话可能听起来会是这样："靠得太近、要得太多太危险，我真的不用依靠另一个人活下去。"

这也可能是你通过产生一种虚假的控制感，下意识地保护自己脆弱的感觉，免受童年创伤再现的伤害（如拒绝、负面镜像、失望、个人界限被侵犯等）。

实际上，这种情感距离限制了我们的直觉判断、同理心，以及与他人建立情感联结的能力。

"情感疏离"可能会成为一种习惯性的、无意识的策略，需要耗费大量精力来保持控制感，并保护自己免于"需要"对方。

发现自己——更深入地探索

你的解释是什么?

你需要找借口解释的操控者行为是什么?

_____
_____

你对自己的解释是什么？你对别人的解释是什么？

_____
_____

你的解释是否有助于减轻你的负面情绪和恐惧？

_____
_____

你需要找借口解释的自己的行为是什么？

_____
_____

你对自己的解释是什么？你对别人的解释是什么？

_____
_____

你的解释是否有助于减轻心底或未解决的恐惧？

_____
_____

你是否认为你可能已经和自己、他人，或两者都保持情感疏离了？具体是怎样的？

> 如果是这样，那你准备如何重新面对自己真实的内心感受？

第二阶段：谈判陷阱

谈判陷阱是解释陷阱的另一种表现形式，这在遭遇"好人型"煤气灯操控的女性中，尤为常见。

身处谈判陷阱的人，不太关注一段关系给其带来的整体满意度，而是过分纠结自己与另一半谈判的成功或失败。我们其实感觉到，关系中的权力争抢很有意思，但也正是这些曾让你感到充满活力、掌握大局的谈判，现在却让你疲惫不堪、精疲力尽。

表面上，你的另一半非常配合、有求必应，但实际上，这种谈判成了一种一边在忽视你，一边又向你证明对方很在乎你的手段。你最终可能会感觉自己必须配合对方完成表演，假装谈判，而你其实更想大哭一场，宣泄一下心中的委屈。

因为"好人型"煤气灯操控者愿意谈判，于是你可能会认为自己没理由抱怨什么，但你感到孤独、困惑和麻木。

煤气灯被操控者一直让自己卷入这些谈判，用来回避对操控者以及他们的关系产生非常真实和不舒服的感觉，这是一种可以让自己不必面对沮丧、孤独和被忽视的办法。

结合你的现实——谈判可以非常有成效，但要小心，不要让谈判过程蒙蔽了你的双眼，让你看不清现实。最重要的是你内心最深刻最真实的感受。让自己回顾一下你们关系的全貌，然后开始下面的练习，厘清你之后想要怎么做。

寻找内心的真相

摆脱煤气灯操控第二阶段的技巧

1. 把你和煤气灯操控者之间让人不舒服或困惑的对话一字不差地写下来，好好看一下。

其实你现在并未与操控者进行真正的对话，那么对你来说，这些话听起来有何感觉？

- 通情达理？
- 热心助人？
- 答非所问还是不可理喻？
- 像故意找你麻烦？
- 还有其他感觉吗？

请花点儿时间，思考一下你对所注意到的一切想法和感受。

2. 与可信赖的朋友或导师聊聊。和朋友分享煤气灯操控者对你的批评和担忧（相信我，最了解你的人知道你所有的缺点），他们应该能给你一些建议。

你的操控者可能非常擅长歪曲事实，比如你长时间以来确实有迟到的习惯（这很烦人），但这并不意味着你不准时是为了故意羞辱操控者。他们有权因此生气，但并不代表他们有权对你妄加指责，比如：

- "你迟到就是想让我发疯。"
- "你故意让我等那么久，就是想折磨我！"
- "相信我，我们的朋友都在议论这件事，他们不敢相信你对我有这么差劲。"
- "你在花钱上总是大手大脚的。你不知道吗？"
- "当着我的面炫耀你们的友情。你是不是总想让我吃醋？"

朋友或导师可以帮你恢复判断力（例如，"嗯，你是经常迟到，这确实很烦人。但我可不认为你这样做是为了报复乔伊，毕竟你对谁都这样！"）。

列出煤气灯操控者对你的批评和指责。为了厘清你的想法，请把它们写在下面。

操控者对我的指责是：

_____

_____

换个角度，看看以上指责。现在，从你最好的朋友的角度，再看看那些你曾认为有一定道理的指责。

想想你再次检视过的这些话（尽可能诚实），结合你行为背后真正的想法、动机和心理需求，你能把事实和操控者错误的指责区分开吗？现在，写下你的认识。

失真之处（非事实真相）：

_____

_____

我的事实、真正动机和心理需求是：

_____

_____

示例——每当操控者吃饭迟到，我向他抱怨或告诉他我的感受时，他都说我才是那个对时间有执念的人。事实真相——他是对的。准时对我来说很重要。这是一种尊重和体贴的方式，也是让他人知道你重视他们时间的一种方式。失真之处（非事实真相）——他说时间是一个荒谬的观念，人们对此过于在意，我有这些问题是因为我父母在这方面过于小题大做。

3. 严格忠于自己的感受。当你和操控者相处时，你往往很难看透他虚无缥缈的空话和对你实施的情感虐待。当你与他交谈时，未必能厘清想法，但你可以告诉对方"现在的谈话让我感觉很不舒服，我们改天再聊吧"，尽早结束这次互动。

按照你的方式，在双方商量好的时间再和对方进行沟通，而不只是按照煤气灯操控者的时间表来。同时，忠于自己的感受，及时止损。

当你跟操控者沟通时，感觉失去自我或状态不稳定时，你可以对对方说些什么以结束这场对话？把它写下来，然后大声说出来，练习在敌对情况下坚守自己的立场。

---

4. 首先要反思你的感受。现在，回想一下你和煤气灯操控者的交流，你能体会到自己的真实感受吗？是什么让你此刻无法清晰地表达自己？

我当时感觉：

---

5. 周末出去度个假，或只是出去喝杯咖啡。有时，你只要远离煤气灯操控者一段时间或一些空间，就会认识到情况已经变得多么糟糕、难以忍受了。如果你能和朋友或让你感觉自在的人共度一段时光（也就是你信任的、让你自我感觉良好的人），就更好了。体会一下差别，安全、舒服的关系是怎么相处的？对比和煤气灯操控者在一起时的困惑、痛苦和沮丧，你更能看清煤气灯操控关系的模样。

列出你想去的地方和想见的人。现在就把时间计划好，这样你就不会感到无助或困惑。

---

6. 坚持自己的看法。我建议用一句话（对你和你的煤气灯操

控者都可以），表明你有自己的看法，并且要大声坚定地说出来。

以下供你参考：

- "我理解你的感受，但我不赞同你的看法。"
- "我对事情有不同看法。"
- "那是你的看法，我跟你不一样。"

如何摆脱煤气灯操控的第二阶段

正如我们所了解的，煤气灯操控第一阶段和第二阶段之间的区别就像是偶然事件和惯性行为之间的区别。

- 在第一阶段，煤气灯操控只会偶尔出现，通常很容易识别和判断。
- 在第二阶段，煤气灯操控完全"现身"，成为这段关系的决定性特点。就像鱼儿不知道自己在水里一样，你也不会意识到自己的处境异常。

如今，你开始恢复自我意识。无论你要面对的是伴侣、亲戚、朋友、同事还是领导，你都已经准备好要做出改变。

你该如何开始？

以下是一些摆脱煤气灯操控第二阶段的建议：

1. 心急吃不了热豆腐。 从一个具体的小行动开始，比如果断退出争论，简洁答复，静观其变。

阻碍你的是什么？

当我说不急，从一个具体的小行动开始时，你的第一反应是什么？
_____
_____

内心的阻碍是什么？例如："什么都不说会让我觉得不舒服。"
_____
_____

外部的阻碍是什么？例如："如果不回应，我怕我的另一半会生气。"
_____
_____

选择退出声明

- 深呼吸一下，什么也不说。
- "我们各自保留自己的意见吧。"
- "我们的看法不同。我真的不想再聊下去了。"
- 拒绝回答，而不是让步于自己要让另一半满意的想法。
- "等我们冷静下来再谈吧，我现在做不到。"

第四章 第二阶段:"或许你说得有道理。"

你必须学会克服潜意识中的趋同心理,反其道而行。与其乞求获得煤气灯操控者的认可(这样也许会让他们更加焦虑或愤怒),你必须想办法避免参与争论。

用你自己的话说说看

你能想出一些更符合你的"选择退出声明"吗?请写下来。

_____

_____

_____

现在大声重复这些话,直到你觉得说起来舒服为止。你可以不断调整它们,以便说起来感觉更舒服。在开始练习后,你可能会想改动一些语句。

---

2. 提问题的时候找准时机。试着找个合适的时机和煤气灯操控者聊聊,远离可能引发高度焦虑的情况或人。如果你能伺机并计划好要怎样提出问题,而不是不分时间场合地随便就把问题抛出来,也许你会惊喜地发现你们的对话远比想象的要顺畅得多。

- 过去的你——用你自己的话说说看,你过去一般会怎么说?

_____

_____

> 以下是一些示例句子，供你感觉舒服选择退出时备用。
>
> - 深呼吸，然后说："我想和你谈谈。现在方便吗？"
> - "你什么时候方便我们谈谈？这对我很重要。"
> - "好吧，我现在不打算谈论这个了。如果你想看完比赛再说，可以的。"然后离开房间。
> - "现在似乎不适合谈论这个——我们都在忙着回复手机信息。等我们都有空时，再讨论吧。"然后双方商议可能的时间。

- 全新的你——用你自己的话说说看，你会说些什么来选择退出争论，之后找时间再慢慢聊？

———————————————————
———————————————————

你可能害怕陷入以前的争吵模式：如果你继续争论，煤气灯操控者只会用大道理、奚落和轻视来折磨你。相反，直截了当地告诉对方，他们的评价伤害了你的感情，或干脆结束谈话，因为毫无进展或正伤害你，这样做会更有力量。

3. 避免用责备的方式提问题。没有什么比说出"你总是这样做""你在攻击我"或"你的行为很糟糕"更容易激化矛盾。相反，要告诉操控者，你对彼此之间正发生的事感觉很不舒服。

- 过去的你——用你自己的话说说看，你会用责备的方式说些什么？

- 全新的你——用你自己的话说说看，你会以一种非责备的方式说些什么？

4. 表明自己的态度。 如果你决定以某种方式行事，你就要坚持到底。当煤气灯操控者加大恐吓、操控力度或发动浪漫攻势时，不要对其做出无意义的威胁或让步。不参与争论是唯一解决问题的方法，卷入争吵只会延长煤气灯操控的过程。

- 过去的你——用你自己的话说说看，你会说些什么来获得煤气灯操控者的认可？

- 全新的你——用你自己的话说说看，你会说什么来给彼此时间去处理和改变？

5. 坚守自己立场。 如果操控者以言语攻击的方式回应你的担忧，你只需再强调一遍你的立场："我希望你不要再用这样的方式跟我说话，如果再有下次，我立刻离开。"如果有必要，你可以主动结束对话："我已经说了我不得不说的话，我不想争论。我知道你也听到我说的了，我要去另一个房间了，现在不想继续说下去了。"

- 过去的你 —— 用你自己的话说说看，你会说些什么来应对操控者对你的攻击？

　_____

- 全新的你 —— 用你自己的话说说看，你会说些什么，以更自信的方式坚持你的立场？

　_____

摆脱煤气灯操控第二阶段是个不小的挑战，因为

- 这种关系现在已经属于非常明显的煤气灯操控了。
- 有时候，努力挣脱第二阶段并不一定会带来一段真正健康的关系，你可能只是进入了另一个版本的第一阶段。你的伴侣还是会时不时地操控你，而你也会不时地配合他。

可是为了成功，所有的努力都值得。尽管陷入第二阶段让人

痛苦万分，但和完全、彻底被操控的第三阶段比起来还是容易对付得多。

你可能会想："我怎么知道这段关系什么时候无法挽救该退出了？"我们将在第七章"我该去还是留？"中探讨这一点以及具体你可以做些什么。

第五章

第三阶段："都是我的错！"

压抑

在这一章中,我们将重点讨论煤气灯操控第三阶段的具体关系互动。在这个阶段,被操控者会全盘接受操控者的观点,把它当成自己的认知。

识别何时起从第二阶段开始进入到第三阶段是非常关键的,因为在第三阶段,煤气灯操控的受害者往往更加孤立,并受到虐待,比如被呵斥、被利用,甚至被剥削。

> **意想不到的开悟时刻**
>
> 一个可以写下你自发见解的地方:
> _____
> _____

第一阶段——你会摆出各种证据,努力证明煤气灯操控者是错的。不管你是否害怕他的情感末日，你肯定会有趋同心理，总想找到让你们达成一致的方法。

第二阶段——你开始急切地跟他、跟你自己争论。由于对情感末日的害怕程度加深，你的趋同心理也变得更加迫切，你越发努力地想让你们达成一致。

第三阶段——你已经完全接受了操控者的观点，你会找出各种证据证明他是对的，而不再是替自己辩解。

你是否进入了第三阶段？

（在符合你情况的选项前打钩。）

☐ 经常觉得倦怠、麻木、无精打采？

☐ 几乎没有机会和朋友、家人共度时光？

☐ 回避和你曾经信任的人进行深入的对话？

☐ 不停地在自己和他人面前维护你的煤气灯操控者？

☐ 回避一切涉及这段关系的对话，这样你就无须让别人理解你的处境？

☐ 经常莫名哭泣？

☐ 出现一些由压力引发的症状，比如偏头疼、肚子痛、便秘、腹泻、痔疮、荨麻疹、粉刺、皮疹、背痛，或者其他方面的紊乱？

☐ 每个月至少经历几次或大或小的疾病，比如感冒、流感、结肠炎、消化不良、心悸、气短、哮喘，或者其他不适？

第五章 第三阶段:"都是我的错!"

☐ 记不清和煤气灯操控者产生分歧时的状态?

☐ 私下里或者在人前,总是过分纠结你是如何让他生气、丧失安全感、产生冷暴力或其他不愉快行为的?

☐ 经常并且更强烈地被一种"隐约觉得哪里出了问题"的感觉所困扰?

想一想

既然我们开始探讨煤气灯操控的第三阶段,让我们反思一下你自己的关系。有没有你想聚焦的关系,以回答接下来的问题?

_____

_____

以上列出的这些迹象中,有没有符合你的?你是否感到惊讶?

_____

_____

这些感觉或行为,多久发生一次?程度如何?

_____

_____

你还能记得以前自己没有这些感觉或行为的时候吗?

_____

_____

关于你关系的河流故事：第三阶段

可视化

接下来花几分钟时间，从不同角度思考你正聚焦的这段关系。请你回到关于你关系的河流故事，寻找试金石和决定性时刻，它们可能表明这段关系是否已经进入了煤气灯操控式互动关系的第三阶段。

回想一下你们的关系，从相遇的第一天起直到现在。

1. 在空白页的左下角，写上你们关系开始的日期，在右上角写上今天的日期。

2. 接下来，在你们相遇的日期和今天的日期之间，画一条"象征你们关系的河流"。它可以是一条直线，也可以有许多蜿蜒曲折、有支流或没有支流的线，都取决于你。

3. 现在，闭上你的眼睛（如果感觉舒服的话），或干脆低下头，放松，做几次长的深呼吸，放松你当下的自我状态。

4. 当你坐在你的气垫船上，悬浮于河流之上 6 米左右，一路顺流而下，看着水中的试金石，那些或好或坏塑造了你们关系的决定性时刻，那些当你的现实—感知—感觉被你的同伴（家庭成员、朋友、同事）所肯定的时刻，或当它们被碾压、被驳斥的时刻。写下这些时刻对你的自我认知、你在这段关系中的行为以及总体的影响。

5. 你可以随时把这些时刻通过写或画添加到你的河流故事中。
6. 当你的河流故事感觉完整了，回到开始，让自己乘坐热气球飘浮到空中，从更高的角度回顾你的旅程，看看哪几个决定性时刻吸引了你的注意力。当你回忆起这些时刻时，请特别留意自己出现的感觉，并把这些感觉添加到你的河流上。

决定性时刻、关键的试金石和感受

通过写或者画，把印在你记忆中的决定性时刻和感受添加进去。

现在，从旁观者的角度，看看关于你们这段关系的河流故事。当我们继续探索煤气灯操控第三阶段时，请记着你的关键发现，当你们的关系成为探索焦点时，请对自己保持开放和包容的态度。

笔记：写下你从第二阶段过渡到第三阶段时记下的关键时刻，并写写这些时刻对你产生了怎样的影响。

```
┌─────────────────────────────────────────────┐
│                              今天的日期        │
│                                             │
│                                             │
│                                             │
│                                             │
│                                             │
│                                             │
│                                             │
│                                             │
│  你们这段关系开始的日期                          │
└─────────────────────────────────────────────┘
```

- 当你看到，你和你的操控者之间的这条决定性时刻的河流，导致了你现在处于第三阶段，你有什么感觉？
- 从你的热气球视角回想一下在那些决定性时刻，你的生活中还发生了什么。考虑一下……
- 你生活中的其他事情，有没有对你从第二阶段到第三阶段的过渡产生影响？如果有，是哪些事件？
- 这些事情对你们的关系有什么具体影响？
- 你认为进入第三阶段，会对你生活中的其他事情产生怎样的影响？

煤气灯操控第二阶段和第三阶段的区别

第二阶段

- 你渴望赢得他的认可,所以你开始从他的视角看待问题。
- 当他表现得很受伤或很困惑时,你想的是:"我哪里做错了吗?"
- 你认同他的看法,也拼命想让别人听听你的观点,你希望通过赢得这场争论来证明你优秀、有能力、值得被爱,因为被操控者认为你是这样的,这一点对你来说非常重要。
- 你失去了做出判断或看清全局的能力,反而纠结于操控者指控的细节。

第三阶段

- 你依旧渴望赢得他的认可,但已经感觉到希望渺茫。
- 你还是无法摆脱他的操控,因为你要么已经完全接受了他的观点,要么早已变得麻木冷漠,几乎丧失了自己的想法。你甚至懒得为自己辩护。
- 当他表现得很受伤或很困惑时,你要么觉得是自己不好才导致他这样,要么觉得自己麻木不仁、不在状态,甚至陷入绝望。
- 你认同他的看法,你试图让自己的看法和他的看法保持一致,你觉得自己有很多地方做得不对。
- 无论是他对整个事件的描述还是个中的微小细节,你都没有半点质疑。

第三阶段：挫败感习以为常

- 你可能不知不觉地进入第三阶段。第三阶段最可怕的一个特征就是你越来越失去了自我认知。挫败、绝望、压抑似乎成了家常便饭，你甚至忘记曾经的生活不是这样的。
- 你可能会主动疏远那些能够让你"重获新生"的人和关系。长时间的煤气灯操控已经让被操控者逐渐封闭了自我，哪怕是短暂地向他人敞开心扉都痛苦万分。
- 第三阶段真的会摧毁一个人的灵魂。倦怠、麻木的状态几乎已经渗透到生活中的方方面面。在我看来，进入第三阶段最糟糕的恰恰就是这种绝望感。
- 你把操控者理想化了，极度渴望获得他的认可。但到了第三阶段，你已经不再相信你会获得这种认可。与此同时，你对自己的评价跌到谷底。

第三阶段的三种煤气灯操控者

"威胁型"煤气灯操控者

"威胁型"煤气灯操控者容易愤怒，侮辱和轻视别人。

- 当你想象对方与自己的价值观和判断力一致时，就表现出明显的趋同心理。
- 因为你的自我意识依赖于对方，所以你很容易受到他们意见的左右。

- 你选择责怪自己，因为你需要得到操控者的认可。
- 如果你能找到一种方式，让操控者的认可变得不那么重要（自己主宰评判权，而不是让对方来评判你），你就能摆脱煤气灯操控。

"魅力型"煤气灯操控者

"魅力型"煤气灯操控者为了满足自己的需求而进行表演，假意试图说服你，这一切都是为了你好。他们喜欢这样，你却不喜欢。

- 虽然看起来你的操控者是一个很好的人，但他从未想过要与你产生真正的共鸣，或提供你想要的亲密关系和陪伴。
- 你的操控者很会制造浪漫，但他的行为让你感到不满，却又没法抱怨。
- 你的操控者坚持说你喜欢他们的浪漫，但却不问你是否真的喜欢。而事实是，你并不喜欢。
- 你觉得这好像成了你的错，害怕对方的情感末日和由此带来的内疚感。
- 你觉得你做什么都不会有任何改变，你想不出有什么会让你开心起来。你感觉无趣和麻木。

"好人型"煤气灯操控者

"好人型"煤气灯操控者知道如何达到他们的目的，同时也让你以为你达到了自己的目的。

- 你的操控者保留了自己的一部分,却同时让你认为,他们正在付出自己的全部。
- 你感到孤独、困惑和沮丧,却说不出原因。
- 如果你反对,操控者就会使出情感末日:他可能会大吼大叫,威胁要离开你,或用批评来攻击你。
- 你的感受从来都没有被真正的在乎过,但你一直都被要求相信他很在乎。

在第三阶段,你可能甚至还未意识到,停下来看清楚是多么重要——不仅要看清你现在的状况,还要看清你第一次遇到这个人时的情况。有时,你能做的就是深呼吸,记住在你为了获得操控者的认可而一点点放弃自己之前你是谁。有时,想找回自己太痛苦了——你完全失去了以前拥有的力量。

如果这引起了你的共鸣,请明白一切仍有希望。不仅如此,还有一条途径,第一步便是更深入地找到自我。你可以试试一些冥想技巧,就像接下来写到的。这是第一步。

> **慈爱冥想(Metta Meditation):向自己和他人表达慈爱**
>
> 愿我心境愉快。
>
> 愿我身体健康。

> 愿我远离痛苦。
>
> 愿我安乐自在。
>
> ——摘自莎朗·萨兹伯格的书《慈爱》

冥想可以帮到你

- 找一个安静的地方，不会让你分心或被打扰。在家里营造出这样的空间是个好主意，你就会有一个可以休息的地方。它可以是房间的一部分，也可以只是一个安静的角落。
- 当你准备好之后，在位置上坐好——地板上放一个靠垫、枕头、椅子或小地毯。开始吸气和呼气。缓慢的腹式深呼吸对冥想很有效果。当你吸气时，保持这个想法，也就是冥想的第一句话："愿我心境愉快。"然后呼气。
- 吸气。"愿我身体健康。"呼气。继续这样的呼吸循环："愿我远离痛苦""愿我拥有轻松的幸福"
- 这个冥想由五部分组成。首先，向自己发出恻隐之心。然后，把同样的祝福送给你爱的人，送给生命中无关紧要的人，送给你正苦于摆脱的人，然后再回送给自己。我建议把这个冥想重复三遍。

全身心投入冥想，你就会感受到理解、爱和善意的温暖。

> **深入了解自己：心身练习**
>
> - 通过心身活动，重新获得与自我的联结：瑜伽、太极拳、武术或其他形式的动态冥想。通过整合身体、头脑和精神的运动，让你的心灵安静下来，接纳内心深处的自我。
> - 你可能更喜欢冥想。在冥想中，你可以坐 5 分钟、10 分钟或 15 分钟（如果你愿意，可以更长时间），专注于你的呼吸或一句话或一个祷语，而不是你的思想。给内心深处的自己提供足够的时间和空间，让心底的声音真正被听见。冥想可以帮你感觉更平静、更有自我意识、更抗压。

煤气灯操控第三阶段最难对付的一面，是它让你感到失去了自己的情感以及曾经强大的自我。

请查阅附录三，了解更多自助建议。

> 如果你一直低着头，就永远看不到彩虹。
>
> ——查理·卓别林

我们为什么没有选择离开？

六个主要原因

> **暴力威胁**
>
> **警告**
>
> 在煤气灯操控第三阶段的人，有时会害怕（甚至可能经历过）来自操控者的身体暴力或相关威胁。
>
> 如果你或你的孩子曾遭受身体暴力，或者你相信有这种可能，那就赶紧离开家，去一个安全的地方——亲朋好友家、收容所，甚至某个餐厅——总之找一个你可以打电话、决定接下来该怎么办的地方。你首先要关心的是如何保护自己和孩子的人身安全。只有当你知道你和孩子会一直安全的时候，才有可能去解决情感层面的问题。

1. 物质考量。很多女性不愿意放弃操控她们的伴侣或领导所能提供的经济保障或生活水平。许多女性还认为，如果离婚，孩子都会跟着受苦。有时，我们会错误地估计潜在的利弊得失。我们夸大了待在煤气灯操控关系中所获得的好处，而忽略了跳出这段关系所能带来的机会。离婚可能是正确的决定，但同时也会带来切实的损失。

做出最有根据的设想，然后衡量继续在煤气灯操控关系，尤其是一段让我们觉得压抑、痛苦的关系中可能要付出的代价。

2. 害怕被抛弃和孤独。很多人总是害怕被抛弃。离开或疏远一段关系都可能会引发强烈的孤独感，对某些人来说，身份认知是在自己所处的关系，或者所做的具体工作中建构起来的。如果我们勇敢面对自己的恐惧，做出明智的选择，我们会庆幸这个决定帮我们保持了完整的自我。

3. 害怕丢人。对很多人来说，承认面已经到了这么糟糕的初步简直是奇耻大辱。摆脱这段关系就好比承认失败。我们没有从现实出发看待自己的操控者，而是一味埋头苦干、盲目尝试。很遗憾，逃避现实并非长久之计。不管决定离开还是留下，你都不可能通过无视问题让自己变得开心起来。你甚至可以相信这种羞辱的痛苦只是你为了脱离苦海所要付出的很小的代价。

4. 害怕羞耻感。对有些人来说，违背自己的内心或其他价值观的羞耻感，会令其试图"纠正"这段关系，从羞耻感中爬出来，而不是从这段关系中走出来。还有一些人无法面对是自己让生活偏离了轨道，或者自己创造的关系条件只是为了满足操控者，所以不得不维持下去，甚至持续多年。

5. 幻想的力量。我们把操控者看成灵魂伴侣，一个绝对不能失去的人，自己一生的挚爱。对所有被操控者来说，幻想在我们所处的关系里扮演着很重要的角色，尽管我们自己不一定会意识到这一点。

幻想，不是事实

- "我是如此优秀和强大，我可以通过爱他使他变得更好。"
- "最初的一切是那么美好，我不相信我们再也回不去了。"
- "他是我的灵魂伴侣，从来没有谁能像他那样带给我那样的感觉。"
- "我每时每刻都在想他。我那么爱他，我没法想象没有他的生活。"
- "她是我最好的朋友，她一直都是我最好的朋友，她总在我有需要的时候支持我。"
- "她太了解我了，没有人像她那样了解我。"
- "她一眼就能看穿我，我身边需要有这样一个人。"
- "我有太多关于她的美好回忆，我们一起经历了那么多。"
- "这是我做过的最棒的工作，我的一切都归功于这位领导，我不能让他失望。"
- "我再也找不到一份这么好的工作了。"
- "再也不会有人像他那样给我机会了。"
- "他那么有才，是个十足的潜力股。我不想失去获益的机会。"
- "她是我母亲，愿意为我赴汤蹈火，我怎么能让她失望？"
- "我一向依赖父亲，即使他有时对我大吼大叫，最后还是会帮我。"
- "姐姐就像是我最好的朋友，虽然我们一天到晚吵个没完，但我知道她值得依赖。"

- "我一向尊重我大哥。尽管有时他会贬低我,我知道他其实是站在我这一边的。"

> **结合自己说说看**
>
> 你的幻想是什么?
>
> _____
>
> _____

6. 精疲力竭。当你精疲力竭时,思维就会不清晰,无法做出最好的决定。你很难集中注意力——无论是自己的感受(反正已经麻木了),还是别人对这段关系的看法。

你个人的见解是什么?这些原因中,有没有哪个让你感到熟悉?

_____

_____

那些选择留在煤气灯操控关系里的我们,潜意识里会觉得我们需要有忍受一切、修复一切的能力。无论我们受到多么糟糕的对待,我们都可以或应该有足够的爱,让这段关系继续下去。我们试图把自己看成是强大的、宽容的、善解人意的和宽宏大量的人——伴侣的任何失败之处,都无关紧要。

遗憾的是,在这些充满希望的幻想之下,藏匿着无尽悲伤、愤怒和恐惧的情绪——每一个得不到充满爱的、强大的成年人照顾的孩子都会有这样的感觉。我们都需要来自他人的认可、赞赏和喜爱,当有人承诺能够给予我们这些东西的时候,我们自然会被吸引。

但是受到煤气灯操控的人不仅仅是被吸引而已,我们同时被三种幻想驱动:

- 煤气灯操控者成了我们现在唯一的支持者。
- 如果他们没有给我们所需要的,我们也相信自己能够改变他们。
- 无论他们的表现有多糟糕,都不重要,因为我们足够强大(或足够宽容、足够有耐心)到可以改变这种局面。

煤气灯操控者的不良行为非但没让我们降低喜欢他的程度,反而让我们更爱他了,因为这又为我们提供了一个证明我们有多坚强的机会。但我们需要有足够的智慧和谦卑,在我们的最低谷处集中能量,做我们自己的父母,照顾好自己。让我们来看一下这是什么意思。

结合你自己——如果你们的爱不再像一个惊心动魄、危险的冒险,而只是带来一种安慰、安全和愉快的陪伴呢?你会有什么感觉? _____

_____

_____

理解这种行为

为了取悦他人而抹杀自己

童年时期的健康发展，使你培养出真正的自我意识，同时与看护人保持安全和积极的联结。

然而，如果你在童年时期无法培养出真正的自我意识，你可能已经习得了必须从本质上抹杀自我，否则就有可能失去与你所依赖的人的联结。

这种迁就通常表现为以下三种方式之一。

- 你不想失去与看护人的联系。相反，你学会了牺牲自己的一部分，来保持基本的情感联结。
- 你可能开始与看护人保持心理距离，以忠于自己的真实体验和内心真理。
- 你可能在这些行为之间来回切换，有时假装是好孩子，有时故意挑衅地坚持自己的内心体验（即需求、愿望、感受等）。

如果你在成长过程中过于迁就，你可能会发现自己处于一个"永远不会赢"的境地：要么你牺牲了之所以是自己的关键部分，要么你冒着失去与父母亲密联结的风险，而父母对你来说又是如此重要。

更深入地理解"为什么"

病态性适应（成年后的不安全依恋）：因为人类是高度社会化的生物（动物世界中最社会化的生物），我们自然会寻求对看护人的安全依恋。这是可以理解的，因为我们依赖他们的时间延长了。这种依恋的必要性，对我们所有人来说都是一个无意识的发展过程，也就是说，我们必须学会如何创造和完善一种安全的依恋关系。

根据我们和看护人之间独特的关系互动，我们在成长过程中可能会认为，维持一种安全的依恋关系就必须否认自己的个人现实，包括我们的渴望、感觉和意见。这被认为是一种适应性依恋策略，换句话说，我们无意识地采用他人的观点和感受，而牺牲自己的内心体验。

我们可能会把这种迁就，看作是我们在驾驭关系中的特殊优势。然而，成功地掌握这一策略，基本上就意味着，我们已经非常熟练地把对方的需求置于自己的需求之前。伯纳德·布兰德沙夫特博士认为，为了取悦对方并与之保持联系，而放弃真实的自我，是一种病态性适应。

这是病态的，因为一旦学会，这种行为很可能持续到成年，并成为习惯性的（无意识的），除非有意识地努力改变它。

> **深入思考，寻找自我：你是如何抹杀自己的？**
>
> 如果花点儿时间，深呼吸并想一想，你是否发现自己有哪些可能是病态性适应的行为？
>
> _____
> _____
>
> 如有，请描述一下。
>
> _____
> _____
>
> 你知道这种行为是从什么时候开始的吗？
>
> _____
> _____
>
> 你如何形容这种病态性适应能力？它是一种特殊技巧吗？还是一种生存机制？或是其他什么？
>
> _____
> _____

你是在操控自己吗？

自我破坏

你质疑自己以及自己的目标和志向。你的自信心不足，因为你认为自己不配，或者没有能力实现自己的愿望。

当你进行自我煤气灯操控时，你首先关注的是你生活中的负面因素，但同时，你又认为事情可能会更糟，或者这是你编造的借口。自我煤气灯操控阻碍你追求积极的改变，毕竟，如果你不认为情况有那么糟，你就不会采取行动改变它。

你正在对自己进行煤气灯操控的迹象
- 你淡化自己的感受。
- 你不断责备自己。
- 你怀疑自己。
- 你是你自己最糟糕的批评者。
- 你质疑自己，包括自己的记忆。

这听起来可能很熟悉，因为它类似于你被别人煤气灯操控的感觉。然而，在这种情况下，你是作恶者。你正在说服自己有些事是真的，但事实并非如此。接受自我怀疑，却对自己的力量和潜能视而不见。

要挑战这种习惯性的思维方式，先要留意你是如何跟自己谈论自己的，然后练习从消极的自我对话（垃圾式自我对话），转向积极的自我对话。

垃圾式自我对话：你有没有垃圾式自我对话？

你反复告诉自己关于自己的"缺陷"是什么？比如："我不善

于记名字。我从来记不住任何人的名字，当我不能尊称他们时，我觉得很尴尬。实际上我会回避他们。"

_____

_____

你还记得自己是从什么时候开始相信这些的吗？当时是什么情况？谁（看护人／重要的人）在场？他们是否对你进行过批评、嘲讽或操控，加强了你对自己的这种消极信念？

_____

_____

如果你有一个对自己有同样感觉的朋友，你会如何回应？你欢迎这种对自己有爱的心理支持吗？

_____

_____

> 在深冬时节，我终于懂得，我心里有一个不可战胜的夏天。
>
> ——阿尔贝·加缪

可视化练习：创造属于自己的新世界

1. 想象一下，你住在一栋美丽的房子里，周围是一圈高高的栅栏。花点时间来勾勒一下这所房子——它的布景、房间、家具等。再想象一下栅栏是用什么材质做的、有多高。我希望你把这圈栅栏想象得格外牢固，牢固到没有人可以破坏它。

2. 现在，请为这圈栅栏选择一个开口，也就是那些受欢迎的客人可以自由出入的大门或入口。请注意，你是唯一的看门人，你对谁可以进入、谁不能进入有着绝对的控制权。你可以邀请任何人进来，也可以把任何人拒之门外，不需要任何理由。花点时间来感受一下这种决定权。此时，你允许进入的和希望排除在外的人可能都会浮现在你的脑海里，好好感受你作为看门人所拥有的绝对力量。

3. 现在，想象一下你已经做出决定：只有带着善意与你交流、尊重你的感受的人才能进门。如果有人进了门以后侮辱你、挑战你对现实的认知，他必须离开，而且不能再回来，除非他决定要好好对待你。（你也许受够了那些一会儿对你爱搭不理一会儿又对你百般尊重的人，所以无论他们现在对你有多好，还是不让他们进门比较安全。）

4. 至少再花15分钟时间继续想象你的房子、院墙和大门。给自己足够的时间看清谁想要进来，而你又希望谁能进来。想象一下如果你做好了"是"或"否"的决定，会有什么事情发生。看看你接受或拒绝的人会有什么样的反应，再想象一下你会如何回应他们的反应。

5. 结束后，如果你愿意，可以花几分钟时间写下你从这段经历里学到的东西，或者找位朋友聊一聊。请记住，你可以把这间带栅栏的房子当成庇护所，任何时候你有需要，它都能为你提供帮助。

> 人在任何地方都找不到比自己灵魂更安静或更无忧无虑的退路。
>
> ——马可·奥勒留

想一想

现在，让我们回顾一下你的可视化练习过程。对你来说，这样做有什么感觉？

_____

_____

你从这次练习中学到了什么？

_____

_____

你有没有对你让谁和不让谁进入自己美丽的房子，感到意外？

_____

_____

对自己的决定有这么大的掌控力，你感觉如何？是愉悦、如释重负，还是非常困难？有没有什么是出乎你意料的？

_____

_____

> 有没有比你想象的难做？如果有，探究一下原因。

画出你的世界

把注意力集中在你生活中的人身上，并在画出你的世界时反思一下。这可以让你在看待周围关系时，有意想不到的清晰度和客观性。

这幅画将是一张社会关系图，一种奇妙的视觉工具，用于在图片中捕捉特定时间点的群体内关系。现在，开始绘制你个人的关系"群体"（如家人、朋友、同事）。

根据情感亲密程度和生活中的重要性，把你的人际关系进行可视化的距离排序，然后退后一步看一下，你要收集的信息是有关你的人际空间、能量关系和对每个人的感受。

让我们准备好来创建你的个人社会关系图。我将引导你完成以下步骤。

- ✓ 你可以使用颜色、大小和距离，并以任何你想要的方式修饰你的圆圈和线条，以反映这段关系对你的真实感受以及互动的频率或强度。

- ✓ 首先，把自己画在页面的中间。
- ✓ 然后开始画圆圈（名字是代表其和你生活中的关系），根据它们自发浮现在你脑海中的顺序。（不要想太多，这有点儿像自动写作。）

请看以下例子：

- ✓ 根据你对他们的感觉，或他们对你的重要性，画下这些圆圈。有时，你对任何对你很重要的人都感觉不好（如你的老板或你的阿姨），但因为他们在你生活中很重要，所以就要把他们画得大一点儿。
- ✓ 现在，在你和他们之间画一条富有表现力和方向性的线。
- ✓ 继续画，直到你感到满意，让画作有自己的生命。
- ✓ 现在花点儿时间看一下你的画。看看你把你的各种关系放在什么位置，以及你对他们的感觉。
- ✓ 想象一下，你移动到更高的视角，从你的热气球上观察它。让你的记忆浮现出具体的互动和感觉，这样你就可以把某个特定的圆圈（关系），准确地画在你期望的位置上。

第五章 第三阶段:"都是我的错!"

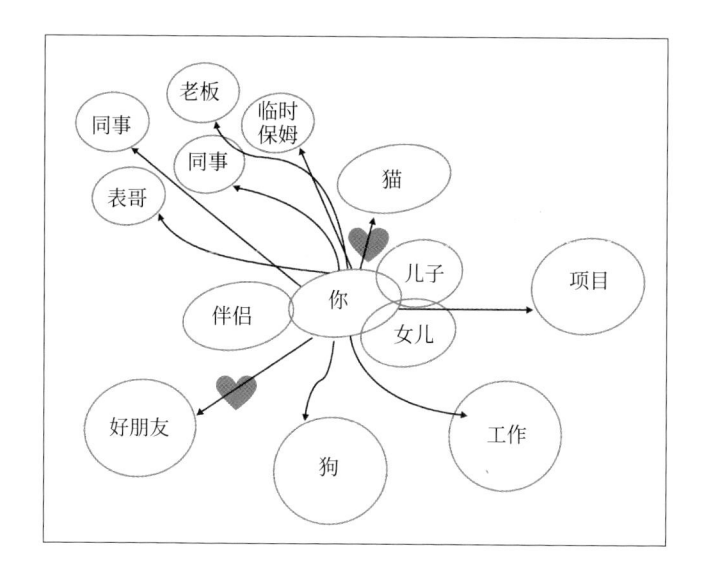

你的个人社会关系图

　　利用这一空白页,画出你的个人社会关系图,记住,你不必与任何人分享,除非你愿意。

第五章 第三阶段:"都是我的错!"

用你自己的话说说看——花点儿时间,想一下你在自己周围画的关系世界。当你触及自己的感觉时,请尽可能诚实地写下你对以下问题的回答。如果你愿意,可以添加你自己的问答部分。

> 你的第一个情感反应是什么?看着你创建的社会关系图,你是感到高兴、满意、失望、悲伤,还是其他?
>
> _____
>
> _____
>
> 这幅画有什么让你感觉意外的地方吗?
>
> _____
>
> _____
>
> 有什么你想改变的吗?如果有,是什么?
>
> _____
>
> _____
>
> 看看和每个人的关系,想想你对圈中画下的每个人的感觉。你想与谁拉近距离?你想舍弃或远离谁?
>
> _____
>
> _____

第六章

关掉煤气灯

现在，你已经知道让你困在煤气灯探戈的原因，也知道从煤气灯操控的三个阶段脱离有多么艰难，你已经完成了一些练习，目的在于帮你反思自己是如何走到这一步的，以及找到通往更好生活的途径。现在，是时候关掉煤气灯了！

在这一章中，我们将详细探讨几种设限的技巧，坚持你所珍视的价值观，以及如何加强你自尊的内在核心——这是关掉煤气灯的第一步。

你只有真正下定决心采取行动，才有可能关掉煤气灯。这样做是为你可能遇到的任何障碍或阻力做好准备，包括来自操控者和你自己的。你的煤气灯操控者会因你有了自己的想法而不断惩罚你，所以你必须自愿离开。

在本章，我们将探讨以下内容。

- 动员自己采取行动——六项计划
- 关掉煤气灯——五种方式

> **意想不到的开悟时刻**
>
> 在这里写下你自发的见解：
> _____
> _____

下定决心，关掉煤气灯

如果事情没有发生改变，你得有离开的意愿，尽管这可能让你难以想象。但是，在有些情况下，你也可能不用非得离开。

- 有时，煤气灯操控是不知不觉地出现在一段关系中的，有些甚至可以从根源上杜绝。
- 有时，对方只有在极度缺乏安全感的时候才会对你进行煤气灯操控，你只要拒绝参与，避免扣动"煤气灯扳机"——那些能够触发你或对方开始跳起煤气灯探戈的关键词、举动或情景——就可以解决问题。
- 如果对方愿意承认问题的存在，你们只需要找一位好的情感咨询师就能够解决。或者，你的自我意识便足以帮你改变你们的相处模式。
- 有的时候，面对某些类型的煤气灯操控者，只要减少接触就好，不需要断绝来往。了解这一点，对与家庭成员的关系很有帮助。

你必须有意愿要离开,否则这个过程就不会成功。记住,人性就是如此,谁也不会一下子就能彻底改变。

- 注意。做出改变,对方可能会加大煤气灯操控的力度,更频繁地表现情感末日:从大声讲话到咆哮怒吼,从偶尔挑剔到持续批判,从不时的冷暴力到长达数日的冷战。
- 你可能会被趋同心理打败,或者因为太渴望获得煤气灯操控者的认可而中途放弃。又或者你会不由自主地选择忘掉那些不开心的时光,只记住那些美好的瞬间。

蛛丝马迹——以上这些情况,有没有符合你的?写下你的体会、你们彼此之间发生的事情,以及你的想法。

_____

_____

_____

唯一能帮你改变这段关系的,是你坚持过自己想要的生活、彻底摆脱煤气灯操控的决心。你和你的煤气灯操控者都应该知道,如果在一段关系里你得不到应有的尊重,反而还会因为拥有自己的观点而遭受惩罚,那你绝对不会继续忍耐,你一定会离开。

改变自己，是一项了不起的成就，你将在之后的人生中得到回报。请记住，关掉煤气灯或者动员自己主动关掉煤气灯，可能是个漫长的过程。你也许会在几天之内就取得神奇的进步，也许连续几个星期都看不到任何起色。你也可能在取得一些进步之后，又重蹈覆辙，感觉一切都前功尽弃。无论哪种情形，都要努力做到心平气和，对自己宽容一些，同时与你爱和信任的人保持密切联系。只要你足够坚定，最后就一定会取得成功。

坚定决心的小妙招

- 坚持每天和信任的亲友至少聊一次天，或者每周至少和心理医生聊一次，以保持你的自我认知。
- 写下你和煤气灯操控者最近的三次对话，想一想以后再遇到这样的情形时你自己希望如何处理，然后修改、调整你的回应方式。
- 回忆最近一次你感到开心的情形。用文字描述，或者把它画出来，再或者寻找一幅能唤起那个开心瞬间的图片，把它贴在你每天都看得到的地方，提醒自己希望怎样的新生活。

鼓励自己——当你读完下面的六条建议，用以增强自己的行动能力时，请记住，这是一场"条条大路通罗马"的旅程。如果你觉得这些建议说得对，那么请按照适合自己的顺序进行尝试。你甚至会发现，自己可能一次完成了不止一个步骤。

你可能不会马上适应这个过程,当然,也可能感觉不舒服。当你开始看到事情可以有所不同时,你可能会出现某种程度上连自己都不知道的愤怒和绝望。

探索这些问题,会把你带入自己的经历和记忆中。你可能会发现,这和你研究煤气灯操控时的理性练习很不一样,反倒变得感性了。别担心,我会帮你找到回来的路。

> 我们的雄心壮志,只可能受限于我们的疑虑。
>
> ——拉杰·肯南

关掉煤气灯:六项计划

1. 明确问题。
2. 允许自己做出牺牲。
3. 直面自己的真实情感。
4. 坚持自己的价值观。
5. 给予自己力量。
6. 先跨出一小步,改善生活现状,然后循序渐进。

1. 明确问题

想一想——这个练习的目的是帮你厘清思路。

A. 我的另一半经常对我实施的是这种操控:

作为被操控者,
- 我的行为 _____
- 我的感受 _____
- 我的想法 _____

B. 我的朋友经常对我实施的是这种操控:

作为被操控者,
- 我的行为 _____
- 我的感受 _____
- 我的想法 _____

C. 我的老板经常对我实施的是这种操控:

作为被操控者,
- 我的行为 _____
- 我的感受 _____
- 我的想法 _____

D. 我的家人经常对我实施的是这种操控：

_____

_____

作为被操控者，
- 我的行为 _____
- 我的感受 _____
- 我的想法 _____

最让人心碎的遭遇，莫过于我们说自己活该。有时，善待自己是最困难的任务，但这往往是真正开始改变的时候。

2. 允许自己做出牺牲

脱离煤气灯操控关系可能会让你付出一些代价。因此，愿意离开（即使你最终并未真正离开）往往意味着要面对巨大的悲痛和损失。关键是，你并不知道未来究竟会怎样。你唯一能确定的是，你所处的关系正在消磨你的意志。

你的关系正在消磨你的意志，从你的生活中榨取快乐。如果你什么都不做，这段关系永远不可能有任何好转。改变的唯一希望在于你是否愿意迈出第一步。诚然，如果你开始有所行动，你可能会冒着巨大风险。

几个助力你放手一搏的问题

- 我今天有没有做过让自己感觉良好的决定？如果有，是什么？

- 我今天有没有做过让自己感觉糟糕的决定？如果有，是什么？

- 我是不是过着和自己的价值观一致的生活？

- 如果不是，我必须做出什么样的改变，才能让我的生活和我的价值观保持一致？

- 我想象中自己能过上的最理想的生活是什么样子的？

- 我必须怎样做才能过上那种生活？

- 如果我离开这段关系，我将放弃什么（付出什么代价）？

_____
_____

3. 直面自己的真实情感

通常，为了继续待在煤气灯操控关系里，我们会断开和自己真实情感的联结。为了关掉煤气灯，我们必须敞开心扉，直面自己的情绪。你可以尝试以下练习，重新和自己的真实情感建立联结。

情感唤醒

手边准备好纸笔。用你喜欢的任何形式记下这些问题的答案，比如完整的句子、简短的关键词，或者任何对你有用的形式。你也可以用画画或图解的方式来回答问题。

- 回想一起最近对你造成情感冲击的事件。它可以是亲人生病这样的大事，也可以是和银行柜员发生分歧这样的小事。描述一下这件事。

_____
_____

- 你当时的感觉是_____
_____

- 你当时的想法是 _____
_____

- 你当时的做法是_____

只要能说出自己的感受，就能帮你与自己的感受建立联结。用不同的方式表达你的感受也是如此，如写作或绘画。试试这个练习，帮你厘清自己的感受。

再次唤醒你的感受

第一步

在空白页上标上"我的观点"这个标题，在下面画一幅画或设计一个图案，表达你对自己处境的感受，或对你与煤气灯操控者之间某个问题的感受。在第二张空白页上标上"对方的观点"的标题，并从对方的角度画出类似的图画。

第二步

有时，给自己一点儿时间静下心来，看看自己的感受是如何影响自己的，这一点很重要。把这两页纸都收起来，24小时后当你再看到它们时，准备好另一张空白页，写下再次阅读时产生的任何想法和感受。也许这种看待自己感受的新视角，会帮你发现一种意想不到的内在决心，也就是采取行动，为自己挺身而出。

你可能在隐藏自己的真实情感

（在符合你的选项前打钩。）

- [ ] 你感到麻木、枯燥、冷漠、无聊。
- [ ] 你不再享受以前曾带给你快乐的东西。
- [ ] 你觉得自己已经丧失欲望了。你不享受性爱,再有魅力的人也激不起你的兴趣,哪怕是一丁点儿。
- [ ] 每个月总有那么几次,甚至更频繁,你会经历一些身体不适,比如偏头疼、肠胃不适、背痛、反复感冒和流感,或者其他问题。
- [ ] 你会做一些令人不安的梦。
- [ ] 面对一些无关紧要的小事时,你会有强烈的情绪表现,比如一边看电视广告一边大哭,或者在商店里买东西时对售货员发火。
- [ ] 你的饮食规律发生变化。你开始不加节制地暴饮暴食,或者吃你根本不喜欢的东西。
- [ ] 你的睡眠作息发生变化。你开始睡不够,或者很难入睡,或者两者皆有。
- [ ] 你会莫名其妙地感到紧张、焦虑。
- [ ] 你会莫名其妙地感到疲惫不堪。

蛛丝马迹:用你自己的话说说看

你是否有某些行为或感觉不在以上列表内?你会添加些什么?请回顾你的个人经历、想法和感受,并写下你想要检视的其他内容。

4. 坚持自己的价值观

在当今忙碌的世界中，我们很少花时间问问自己，我们真正的核心价值观是什么，什么对我们来说最重要，什么让我们感到快乐和满足？现在，花点儿时间想一想，并列出对你来说，拥有充实、有益、富有同情心和爱心的生活，最重要的价值观是哪些？

5. 给予自己力量

一段煤气灯操控关系经常会让我们感到绝望、无助，仿佛我们什么也做不好。开始认清并发挥自己的优势是做出改变的关键。

给予自己力量的几种方式

列出你的优点。

> 从消极的自我对话转为积极的自我对话。
>
> _____
> _____
>
> 做一些能帮助你重获能量和自信的事。
>
> _____
> _____
>
> 避开对你持有负面意见、消耗你精力的人。
>
> _____
> _____
>
> 接触看得到你的优点并全力支持你的人。
>
> _____
> _____

列出你的优点——你最引以为傲的优点是什么？如果你很难为自己感到自豪，那么你的哪些特质能让你笑起来呢？依靠你的优点来帮自己度过困难时期。

_____

请朋友帮你列出你的优点。

_____

你可以把哪些消极的自我对话转为积极的自我对话？

你可以做哪些事让自己感觉很有能力？

列出那些消耗你精力的人。还有其他你想回避的人吗？

列出能看到你优点的朋友。你还想结交哪些人？

6. 先跨出一小步，改善生活现状，然后循序渐进

行动起来让自己重获力量的感觉很神奇。任何行动，只要能改善你的生活状态，再小都没关系。即使你的行动似乎跟你所处的这段关系没什么关联，它也可以帮你调动自己，积极地关掉煤气灯。

付诸行动获得的力量将成为应对煤气灯操控者的强大武器。关掉煤气灯很困难的一部分原因在于，你在被煤气灯操控长达几周、几个月甚至几年后，已经不再是煤气灯操控关系刚开始时那个坚强的自己了。重新找回原来的自己，采取行动，是调动你自己关掉煤气灯的最有效方式。

> 如果你有远大的抱负,那就朝着实现它的方向尽可能迈出一大步。这一步可能只是很小的一步,但相信它可能是目前最大的一步。
>
> ——米尔德丽德·麦卡菲

弄懂这种行为

全新的你:重塑你的大脑

我们都会有一些负面的、适得其反的反应、回应和行为,让我们不喜欢自己,并希望改变它们。改变意味着个人成长,这很难,因为它意味着打破我们无意识形成的习惯。当它涉及他人和我们的关系时尤其困难,因为我们倾向于不假思索地做出反应和回应。这些无意识行为被重复得越多,它们就越根深蒂固。

个人成长和人际关系的变化要求我们更加充分地意识到自己的感受,以及它们如何影响了我们的无意识反应和回应。我们还需要认识到,我们是可以选择自己当下的感受、反应、回应和行为的。

事实上,练习做出不同的选择,并重复这些练习,将有助于重塑你的大脑(即创建新的神经大脑回路)。每次你做出新的选择时,随着这些神经回路变得更强,再次做出选择就会变得越来越容易。

更深入地理解"为什么"

人类成长和变化的神经生物学

思想和感受，有意无意地影响着我们的行为。思想和感受是由大脑中的突触放电模式产生的心理表征。大脑的物理过程，创造了我们精神上的非生理的心理表征体验（我们的思想和感受）。因此，精神是大脑生理活动涌现出来的特质。但这些想法和感受，会直接影响我们重复的反应、回应和行为模式。以下是影响的过程。

赫布定律解释了精神和大脑的身心过程中这种习惯性："连接在一起的神经元一起放电。"心理学家唐纳德·赫布发现，当神经元一起放电时，会发生一种生理变化，使它们想要再次一起放电。这种现象使神经元能够创建复杂的电路，当被激活时，会产生复杂的思想和感觉，从而影响人类的反应、回应和行为。

因此，想要改变你的行为，就要在大脑中建立新的突触放电模式和神经回路，从而在给定的关系情境中产生新的想法、感觉和行为。

神经科学家把这一过程称为神经可塑性或重塑大脑。

深入思考，寻找自我：你怎么被困住了？

你是否了解自己的自动情绪反应和回应？你如何描述它们？

_____

_____

是什么触发了这种反应？

你觉得自己有能力改变它吗?

你想改变自己的习惯性反应吗?

你相信自己有选择吗?

关掉煤气灯

这里有五种方式,可以试试改变你和煤气灯操控者的关系。

关掉煤气灯的五种方式

1. 分清事实和曲解。
2. 判断两人的对话是否涉及权力的争夺,如果是,就退出。
3. 识别你们各自触发煤气灯操控的言行。
4. 关注你的感受,而不是对和错。
5. 切记,你无法控制任何人的意见,即使你说的是对的!

如何摆脱煤气灯操控

1. 分清事实和曲解

煤气灯操控者经常会把他们加工处理过的"事实"告诉我们,这时我们往往就不知所措了。他给出的描述中只要夹杂一丁点儿的事实,便足以让我们相信他所有的话都是真的。因此,分清事实和曲解是帮你关掉煤气灯的第一步。

密切关注煤气灯操控者所说的话,以及谈话的进行方式。尽你所能,白纸黑字地写下"我说,他说,我说,他说",然后看看你的煤气灯操控者如何歪曲或曲解事实,让他们隐秘的意图成为唯一要讨论的新话题。

2. 判断两人的对话是否涉及权力的争夺,如果是,就退出

煤气灯操控是如此隐秘,以至于你无法每次都意识到谈话的真正目的。一场争论可能会持续几个小时,煤气灯操控者变得越来越愤怒和激烈,试图证明他们是对的;而你变得越来越绝望,试图赢得他们认可。如果你无法说服他们,你可能会开始觉得他们的指责是对的。

如果你们争论的不是具体事件,那么可以肯定你们正陷入权力争夺。权力争夺和真诚对话之间的区别在于:在真诚对话中,双方都会倾听并解决彼此的担忧,即使有时会情绪激动。

如果你确定正在进行权力争夺,关掉煤气灯的第一步就是指出问题,停止争吵。否则,你还要继续跳煤气灯探戈。

> **蛛丝马迹**
>
> **如果发生……，这是一场权力争夺。（在符合你的选项前打钩。）**
>
> - 你们的对话中充斥着侮辱的言辞。
> - 你总是翻来覆去说同样的话。
> - 你执意要证明自己的观点正确，或想让对方同意你的观点。
> - 你们当中的一方或双方都说跑题了。
> - 你们之前已经有过多次类似的争论，但一直没什么结果。
> - 无论你说什么，对方总是给出同样的回应。
> - 你觉得好像每次都是对方说了算。

有关退出权力争夺时可用语录，请参阅第 91 页。有关退出权力争夺的同时可以表达愤怒的语录，请参阅第 92 页。有关使用自己的话选择退出的语录，请参阅第 93 页。

3. 识别你们各自触发煤气灯操控的言行

你和你的煤气灯操控者同时在跳煤气灯探戈。如果你能识别出这些触发点，就更有可能成功关掉煤气灯。触发因素的范围可以从如家庭、金钱等话题，到特定的情况、语言或行为。你们当中的任何一个人都有可能触发这支探戈，这取决于当时的情形。在尝试这个方法的时候，不要有内疚感，也不要埋怨谁。把关注点放在如何识别触发点上，这样你距离关掉煤气灯就会更近一点。

想一想，有哪些可能引发煤气灯操控的话题和情境。

想一想，你做什么或说什么，可能引发煤气灯操控。

想想你的煤气灯操控者。是否在某些特殊情况下，特别容易触发他的操控行为？你能带着对自己的同情，从第三者角度，观察你在不知不觉中参与的操控互动吗？当这些情况出现时，你能保证自己会保持警醒并离开，避免加入煤气灯探戈吗？

想一想，有哪些可能引发煤气灯操控的权力游戏或操控行为。

想一想，你用哪些方式寻求操控者的认可，并坚持想得到他们的再次肯定？你的习惯性模式是什么？

避免触发煤气灯操控的其他方法

- **讲笑话：**"天哪，要不是我知道自己是全世界最美丽的女人，我可要开始担心了！"
- **提问：**"你是觉得我很愚蠢吗？那你显然是看到了我没看到的东西。所以，你能详细说说吗？"（注意：如果你用讽刺的口吻提问，无疑是在火上浇油。但如果你很诚恳地提问，也许真的能得到对方的回应。）

- **行为定性**："上次你对我说这种话（或者用这样的语气和我说话），是要去你母亲家吃晚饭的时候，你感到心烦意乱。所以现在是有什么情况吗？"
- **表示同情**："你现在这么难受，我很抱歉。有什么是我可以帮你做的吗？"
- **选择退出**："我不想吵架。我们暂停一下吧。"

结合自己说说看

你会说些什么，来避免触发煤气灯操控？

_____

_____

4. 关注你的感受，而不是对和错

很多时候，煤气灯操控者提出的指控也不完全是无理取闹。你的煤气灯操控者因为你的这些问题失控，你也没什么好辩解的，只能照单全收。从陷阱里解脱出来的唯一方法就是停止考虑谁对谁错，多多关注自己的感受。

- 如果你真心感到懊悔，那就向对方道歉，然后尽力补偿。

- 如果你因为受到不公职责而感到愤怒，请不要马上做出反应和检讨。
- 如果你感到困惑、受伤、受挫或恐惧，无论你之前做了什么，你一定是被对方操控了，应该立即停止你们的对话。

5. 请记住，你无法控制任何人的意见——即使你是对的！

煤气灯操控关系中最大的陷阱之一，就是你迫切希望让对方同意你是对的。事实上，你执意要控制煤气灯操控者的思想，就像他执意要控制你的思想一样。其实只有他才能控制他自己的想法，无论你做什么、说什么，他都会用自己的方式看待事情。一旦你明白这其实跟你多么正确没多大关系，你就会离自由更近一步。

> 在错误行为和正确行为的观念之外还有一个领域。我会在那里等你。
>
> ——鲁米

练习退出争论的方法

查看一下"选择退出声明"（第128页）——选择最适合你个性、你的煤气灯操控者最可能听得进去的表述。如果需要，你可以进行相应的修改或者给出自己的版本。

和朋友进行角色扮演——指导你的朋友该如何扮演你的煤气灯操控者，包括他可能说的话。你扮演自己，看看使用这些新的语录会是什么感觉。在这里写下你们的对话，做好准备。

编写自己的脚本——写一段对话。想象一下你的煤气灯操控者会说什么，并设计出你的回应。练习一下，把自己的回复大声说出来。

少说话——你的目标是退出争论。选一两句对你特别有帮助的语录，不断重复它们，或者干脆保持沉默。你的煤气灯操控者铁了心要证明他是对的，所以你不可能改变他的想法，但你可以向他证明这种行为会产生后果。

选择你的后果——提前决定你将宣布的后果（如果有）。只要确保不要宣布任何你没有准备好采取行动的后果。你的目的不是威胁，是为了你的最大利益。

选择退出策略——如果你的煤气灯操控者拒绝结束争论，可以通过挂断电话、走开、转移话题，甚至给对方泡一杯茶来结束谈话。知道如何终止谈话，会让你从一开始就感到更有力量。

_____

_____

第七章

走还是留？

决定下一步行动

现在你已经开始关掉煤气灯,在这个过程中你可能会得到各种各样的回应。也许你和你的煤气灯操控者逐渐找到新的相处之道。也许你的操控者完全拒绝改变。也许你还在整理思绪,努力搞清楚所有的可能。但是如果你还没有,请看本章,我会指导你做出该走还是该留的决定。

意想不到的开悟时刻

在这里写下你自发的见解:

_____

_____

花时间做出决定

如果我们想要从一段煤气灯操控关系里解脱出来,我们就需要在一个时间点做出决定,是继续留在这段关系里,还是果断放手。我一直强调,真正解脱的唯一方法就是要有离开的意愿,然后才是决定自己是否真的要离开。

当你尝试了一些策略,到了一定的时间,你就面临着是否要下定决心真正离开。你甚至觉得自己别无选择。如果你想保留自我意识,就必须结束这段关系。

或者,你觉得自己可以改善这段关系,尽管免不了痛苦和沮丧,但仍有充分的理由留下来。你对煤气灯操控者的好感不一定是幻觉,对方可能会做出虐待,甚至其他有问题的行为,但也可能给予你爱、感情、关注、建议、刺激或安全感。他们可能是拥有你钦佩品质的人,也可能是无缘无故就打动了你的人。

意识或发现自己受到虐待、操控会导致情绪反应。允许所有的感受——你可能会有很多感受。你部分的挫败感可能来自自己:你怎么能这么盲目呢?你怎么能让自己受到如此恶劣的对待?当你开始认真审视你的煤气灯操控者以及你在煤气灯操控关系中所扮演的角色时,可能会感到羞耻、怨恨、愤怒和悲伤的复杂情绪。留意和感受这些情绪很重要。保持好奇心,避免评判自己。允许这些感受的出现将帮你更深入地了解自己,了解发生的事,为你指明前进的方向。

> **帮你明确去留的四个问题**
>
> 1. 我能换个方式和这个人相处吗?
> 2. 他能换个方式和我相处吗?
> 3. 我是否愿意努力改变我们之间的相处模式?
> 4. 从现实来看,如果我付出最大的努力,这段关系是否就会如愿?

1. 我能换个方式和这个人相处吗?

关掉煤气灯的前提是你必须和你的煤气灯操控者分开,不参与煤气灯操控的对话,或者遇到情感末日的威胁时,直接离开房间。这意味着你必须拒绝趋同心理。你不妨问问自己下面这些问题,了解一下你究竟愿意做出多大的改变。

当他开始对我进行煤气灯操控时,我能否做到不参与对话?我是否经常需要向他证明我是对的?即使没有大声说出来,我的脑海里是否反复地上演和他的争论?

如果他的煤气灯操控行为使我对自己或我们的关系感到焦虑,我会向他寻求安慰吗?我能找到某种不依靠他就冷静下来的方法吗?

如果我说我会做某件事，比如在他大声吼叫的时候离开房间，或者当他迟到了 20 分钟就离开餐厅，我能说到做到吗？

我能换一种方式和这个人相处吗？（以你对自己的了解，并反观之前的答案，你现在会怎样回答这个问题？）

2. 对方能换个方式和我相处吗？

当一个人感到心理失衡时便会开启煤气灯操控模式，也许是因为他们受到威胁、有压力或嫉妒。他们的反应是"把自己正确化"，也就是利用煤气灯操控来找到内心的稳定，证明自己是没问题的。这是他们觉得自己强大、自主的方式。有些人在自我认知方面极度不坚定，总会不由自主地开启煤气灯操控。有些人可能会在感受到来自这段关系内部或外部压力时，偶尔开启煤气灯操控模式，或者仅仅是因为他们觉得有用。如果这些人不可救药，也许就会从操控中找到乐趣。

对方的煤气灯操控程度有多深？

建议

如果你也不确定,我建议你试试下面这个练习。

- 在整整一个星期的时间里,尽最大的努力关掉煤气灯。拒绝任何一次参与煤气灯探戈的邀请,不要放过任何一个停止这支舞的机会。抵制一切控制、解释、分析、幻想,甚至和你的煤气灯操控者进行谈判的诱惑。在某个时间点,他一定会试图重新引诱你继续跳那支探戈。但是你要忍住,看看一直拒绝会发生什么。
- 每天记录你的经历和观察结果。
- 周末在不看日记的情况下,评估你的感受以及你认为这一周过得如何。你认为你能关掉煤气灯吗?如果不能,原因是什么呢?
- 花时间回想你的日记以及读日记时的感受。你的日记是否反映了你对这一周的记忆?

你的煤气灯操控者跟你有多少共鸣?

对方是否……

☐ 看起来能够理解并尊重你的观点?

☐ 至少偶尔会关注你的感受和需求?

☐ 至少偶尔会把你的感受和需求看得比他的还重?

☐ 对他多次伤害你的行为表示懊悔,并做出积极的改变?

> ☐ 诚心要做出改变，而不只是想哄你开心或者为了证明自己有多好？
>
> 对方对我会有所不同吗？（以你对煤气灯操控者的了解思考一下。）
>
> _____
>
> _____

3. 我是否愿意努力改变我们之间的相处模式？

由于煤气灯操控具有顽强的抵抗力，处在这种关系里的双方要想打破这种模式特别困难。煤气灯操控关系通常都会形成恶性循环：他带有攻击性的行为引发你防御性的回应，而你的回应又触动了他的敏感神经，进一步引发他更有攻击性的行为。

煤气灯操控通常涉及两个都难以忍受分歧或冲突的人。你是否也是这样？你的煤气灯操控者无法忍受你不赞同他对这个世界的看法，他需要让你相信他们是对的；而你无法忍受他看扁你。你们双方都对这段关系产生了额外的强烈需求，而这种强烈的需求往往会引发新一轮煤气灯探戈。

问问自己——在这段关系中你真正需要 / 想要什么？

_____

问问对方——在这段关系中对方真正需要 / 想要什么？

_____

_____

聚焦自己——问问自己哪些说法感觉挺熟悉，哪些说法感觉不太熟悉。

可能引发煤气灯操控升级的行为

- **自我贬低**

☐ "我知道，我太愚蠢了。"

☐ "请原谅我，你知道我有时候会过于自我。"

☐ "不敢相信我一直这么自私。"

☐ "我知道我很蠢。"

- **寻求安慰**

☐ "尽管我什么也做不好，你还是爱我的，对吗？"

☐ "亲爱的，我感到很寂寞。你看不出来我有多需要你吗？"

☐ "我不是有意伤害你的。你还在生我的气吗？"

- **认定他会用很糟糕的方式对你**

☐ "不要再耍性子了。"

☐ "拜托你别嫉妒，你知道你没有理由的。"

☐ "我知道你会认为我很蠢，但我就是控制不了，行了吗？"

用你自己的话说说——你说些什么可能会导致操控升级？

_____

_____

当你下定决心双方是否可以改变现有的相处模式，更加诚恳地生活时，你不妨问问自己以下这些问题。

有没有人在背后支持我？（煤气灯操控会挑战你分清事实和曲解的能力。如果没有人支持，你很难对抗煤气灯操控者。）

我能否坚守自己的原则？（你没办法控制对方，你只能控制自己的回应方式。你必须坚守底线，无论感觉会多么糟糕。）

我是否不仅有原则，还有勇气说"停下来"？（这种改变需要深入、共同的努力。你是否在知道不一定会有回报的前提下，依旧愿意投入那么多的精力去挽救这段关系？）

我是否愿意做出牺牲？（你可能会觉得自己放弃了这段关系中很多令人享受或值得拥有的东西，为了挽救这段关系，你所做的一些努力，实际上正在摧毁一切。）

我是否愿意努力改变我们之间的相处模式？从现实来看，如果我付出最大的努力，这段关系是否就会如愿？（总结你对这些重要问题的认识。）

第七章 走还是留?

最后一个问题会真正告诉你你想做什么。实事求是地看看,你是谁,你的煤气灯操控者是谁,以及你必须做什么来改变你们的相处模式,这对你来说值得吗?

看到这个问题,你的第一反应是什么?你是否听见了自己心里的声音:我要留下,还是我得离开?不妨咨询一下你的"空中乘务员"。

一些可能发出危险警示的"空中乘务员"

- 你有没有感到胃部一紧,身体发生抗议? 是 __ 否 __
- 你的朋友有没有皱眉,或者无奈地摇摇头回避你的目光? 是 __ 否 __
- 如果你想象自己离开,你是否会感到恐惧? 是 __ 否 __,还是觉得自己的焦虑瞬间减轻了? 是 __ 否 __

用你自己的话说——你的"空中乘务员"会对你说什么?

如想了解"空中乘务员"包括哪些,请参阅第 70 页。

我的来访者选择留在煤气灯操控关系里的原因

1. "我真的很享受我和伴侣之间的对话。"
2. "我从没和任何人如此深入地交谈过。"
3. "我的另一半非常出色——我从他身上学到了很多东西。"
4. "他是我的灵魂伴侣。"
5. "我真的爱她,我们在一起很幸福。"
6. "如果有任何能够改善这段关系的方法,就算为了孩子,我也得试试。"
7. "我没有意识到自己也在很大程度上造成了我们之间的问题。我先改变自己的行为,看看会发生什么。"
8. "我们毕竟在一起很长时间了。"
9. "我很钦佩我的朋友,她的观点总是很独特。我不想和她断绝联系。"
10. "我愿意减少和母亲见面的时间,但如果彻底不见她,我会觉得少了些什么。"
11. "我希望我的孩子能认识他们的亲戚。为了实现这一点,我愿意忍受一些不愉快。"
12. "这份工作还值得我再干两年,然后我一定离开。"
13. "当其他人都拒绝我时,是老板给了我机会。我应该感谢他,我继续努力改善吧。"
14. "我认为这份工作还能让我学到一些东西,所以我会咬牙坚持,想办法解决问题。"

15. "我其实很敏感……我喜欢这里的工作,我的确有点儿小题大做了,也许我可以不用把他的批评和贬低放在心上。"

> **结合自己说说看**
>
> 你还有哪些更个人的原因,要留在这段关系里?
> _____
> _____

我的来访者选择放弃煤气灯操控关系的原因

1. "我永远不想处于一种关系,在这种关系里,我无法自豪自在地告诉别人我的另一半对我说了什么、做了什么。"
2. "一段好的恋爱关系应该能让生活变得更充实、更丰富,但现在这段关系却让我的生活变得狭隘贫瘠。即使我也有责任,我也受够了。"
3. "我不希望我的孩子在这样的环境里成长,认为这就是婚姻的常态。"
4. "再这样下去,我的朋友都不认识我了。"
5. "每当我想起他,就感到焦虑。"
6. "我不想被骂,这就是原因。"
7. "我厌倦了每天都糟糕透顶的感觉。"

8. "我就是不想再有这种感觉了。"
9. "我昨天哭了整整一个晚上,实在是受够了!"
10. "我不想再纠结这段关系了,想想就难受!"
11. "我现在的生活不符合我的价值观。"
12. "如果一个朋友所处的关系听上去、看起来很像我的,我会建议其离开。"
13. "就像关掉了开关,我无法再继续了。"
14. "当我想到自己是女儿的榜样时,我不寒而栗。"
15. "我只想过平静、安稳的生活。"

结合自己说说看

你还有哪些更个人的原因,要离开这段关系?

差距练习

你们现在的关系和你想要的关系之间,差距是什么?

"我的这段关系现在处于什么状态?"

第七章 走还是留？

"我希望我的这段关系处于什么状态？"

"为了使这段关系达到我想要的状态，我需要采取哪些步骤？"

找出你的障碍

当说到"离开"还是"留下"时，我内心的反应是什么？

"到底是什么阻碍了我的改变？"

"我内心的障碍是什么？"例如："我不想思考得那么具体。"

"我外部的障碍是什么？"例如："我不想提这件事，因为这会让我的另一半很崩溃。"

> "我将采取哪些办法来解决这些障碍？我的计划是否可行？"
> _____
> _____

暂停，深呼吸——完成这些练习后，你可能想把本书放下一会儿，给自己一个大大的拥抱。面对自己的感受是很难的，即使是为了更好的生活，想到做出的举动可能会让生活发生剧变也是很难的。试试集中精力深呼吸，并进行冥想。或者，如果你愿意，可以考虑在自我对话中给予自己善意（也许符合你的价值观），如下所示：

吸气。"我想要一种充满仁爱和尊重的关系。"呼气。"我要和这样对我的人在一起。"呼气。

当你准备好继续时，请平和地开始接下来的练习。

想象你的关系

这个练习能帮你更好地理解你所处的某段关系，这样你对自己该做什么决定也会有更清晰的认知。如果你可以在脑海里勾勒出这段关系的真实样貌，你就可以决定是留下还是离开，还是开始采取一些关掉煤气灯的行动。

为了做出这些决定，你首先需要知道这段关系给你带来了什么样的感受。

想象一下你们的关系，可以帮你找到答案。

1. 如果你们当下的关系存在问题，**想象以前的情形可以帮助你看清问题的严重性**。如果这段关系曾经很好，后来发生了变化，你可以想想：改掉那些不足，保留好的方面是否可行？如果你发现这段关系一直让你感到不开心、沮丧或孤独，你也可以想想：指望它变好，是否现实？

2. **想象未来可以帮你认清自己的真实感受，** 以及这段关系将给你带来的种种可能。你真的有机会让这段关系变得更好吗，还是你根本不敢想象自己会在这段关系里感受到开心呢？思考这些问题能够帮你早日做出是留还是走的决定。同时，想象一个没有煤气灯操控的未来也能起到相同的效果。如果你更喜欢那样的未来，也许是时候离开了。

3. **最后，评价你所处的关系能够帮你做出下一步的决定**。也许你选择留下或离开，也许你想尝试关掉煤气灯，也许你想给这段关系设立一个时限：如果它在某个节点之前没有改善，你就重新考虑，采取新的行动。无论你如何选择，评价你所处的关系总是有助于你做出正确的决定。

想象眼前的这段关系

闭上眼睛，让自己想一想目前和煤气灯操控者之间的这段关系。

- 你的脑海里会浮现怎样的画面？
- 您的身体有什么感觉？

- 你的心情怎样?
- 画面中的自己看起来如何?你的面部表情是什么样的?你的肢体语言是什么?你在做什么或在说什么?
- 画面中的煤气灯操控者看起来如何?对方的面部表情是什么样的?对方的肢体语言是什么?他们在做什么或在说什么?

像之前那样,对出现在脑海中的图像、想法或感受,不做删改、不加评判。只需让自己自由地思考,然后看思绪会把你带到哪里。

想完以后,睁开眼睛,把下面的每一句话补充完整。没有字数限制。如果你愿意,也可以通过画画的方式表达你的想法。

我最喜欢我的煤气灯操控者的一点是＿＿＿＿＿＿＿＿＿＿

我最不喜欢我的煤气灯操控者的一点是 ＿＿＿＿＿＿＿＿＿

我看重我的煤气灯操控者身上的特质是＿＿＿＿＿＿＿＿＿

我跟煤气灯操控者在一起时,我看重的自己的特质是＿＿＿
当我对我的煤气灯操控者感到失望时,我希望可以改变的是＿

当我看到我们在一起时,最触动我的是＿＿＿＿＿＿＿＿

我的"空中乘务员"告诉我＿＿＿＿＿＿＿＿＿＿＿＿＿＿
＿＿＿＿＿＿＿＿＿＿＿＿＿＿＿＿＿＿＿＿＿＿＿＿

在回答这些问题时，我感觉＿＿＿＿＿＿＿＿＿＿＿＿＿
＿＿＿＿＿＿＿＿＿＿＿＿＿＿＿＿＿＿＿＿＿＿＿＿

此刻，我的身体感觉＿＿＿＿＿＿＿＿＿＿＿＿＿＿＿＿
＿＿＿＿＿＿＿＿＿＿＿＿＿＿＿＿＿＿＿＿＿＿＿＿

你觉得这个练习怎么样？像往常一样，请按你自己的节奏推进。思考和写下痛苦的回忆后，花时间展望一下你的未来，你将用这段关系中学到的东西照亮今后遇到的一切。每段关系都会赠予我们礼物——用一种全新的方式认识自己。充满挑战的关系也会如此，即使你已经艰难地脱离了这段关系，即使还是在煤气灯操控下，无论多么痛苦，只要着眼于从中学到的教训，你就有机会重写你的故事。

想象这段关系的过去

现在，闭上你的眼睛，让自己想一想和煤气灯操控者的过去。

- 你的脑海里会浮现怎样的画面？
- 您的身体是什么感觉？
- 你的心情怎样？
- 画面中的自己看起来如何？你的面部表情是什么样的？你的肢体语言是什么？你在做什么或在说什么？

- 画面中的煤气灯操控者看起来如何？对方的面部表情是什么样的？对方的肢体语言是什么？他们在做什么或在说什么？

像之前那样，对出现在脑海中的图像、想法或感受，不做删改、不加评判。只需让自己自由地思考，然后看思绪会把你带到哪里。

想完以后，睁开眼睛，把下面的每一句话补充完整。

我最喜欢我们过去的一点是_____

_____

我最不喜欢我们过去的一点是_____

_____

我希望可以从那段时间里找回的东西是_____

_____

我再也不想重复的经历是 _____

_____

回看当时的他，我看到了一个_____

_____的人。

回看当时的自己，我看到了一个_____

_____的人。

当我看到我们在一起时，我看到了一对_____

_____的情侣（或朋友、同事、母女等，如对方为女性，则将之前出现的"他"改为"她"）。

我的"空中乘务员"告诉我＿＿＿＿＿＿＿＿＿＿＿＿＿＿＿＿
＿＿＿＿＿＿＿＿＿＿＿＿＿＿＿＿＿＿＿＿＿＿＿＿＿＿＿＿

在回答这些问题的时候，我感觉＿＿＿＿＿＿＿＿＿＿＿＿＿
＿＿＿＿＿＿＿＿＿＿＿＿＿＿＿＿＿＿＿＿＿＿＿＿＿＿＿＿

此刻，我的身体感觉＿＿＿＿＿＿＿＿＿＿＿＿＿＿＿＿＿＿
＿＿＿＿＿＿＿＿＿＿＿＿＿＿＿＿＿＿＿＿＿＿＿＿＿＿＿＿

想象这段关系的未来

再次闭上眼睛，敞开心扉。让自己想一想和煤气灯操控者之间的未来可能是什么样的。想象下个月、明年、五年后，你们在一起的画面。

- 你的脑海里会浮现怎样的画面？
- 您的身体有什么感觉？
- 你的心情怎样？
- 你的煤气灯操控者是你想共度时光的伴侣、朋友、同事或家人吗？
- 最重要的是，你是自己最想成为的那个人吗？你是否在通往发挥自己的潜力、实现自己梦想的道路上享受着生活中的种种快乐？你觉得未来激动人心、充满可能性，还是对前景感到害怕、焦虑或遗憾？

还是那句话，不要反复思量或评判脑海里的任何东西。你只

如何摆脱煤气灯操控

要让自己想象未来就好,然后看看会想到什么。

想象完以后,睁开眼睛,把下面的每一句话补充完整。

想象中我最喜欢的未来是 _____

想象中的未来让我感到担忧的是 _____

我想成为的那个人是 _____

未来的这段关系会在 _____ 方面帮助我个人。

未来的这段关系会在 _____ 方面阻止我成为那个人。

我的"空中乘务员"告诉我 _____

在回答这些问题的时候,我感觉 _____

此刻,我的身体感觉 _____

想象没有煤气灯操控关系的未来

最后一次闭上眼睛,敞开心扉。这次,想象一个未来没有煤

第七章 走还是留？

气灯操控者的画面。下个月、明年、五年后，这段关系已经不存在（或被大大限制）。

- 你的脑海里会浮现怎样的画面？
- 您的身体有什么感觉？
- 你的心情怎样？
- 谁是你生命中最重要的人？
- 你最喜欢的活动是什么？
- 你的感觉如何，是否开心？
- 你在做什么？
- 最重要的是，你是自己最想成为的那个人吗？

还是那句话，不要思量太多或给予任何评判，任由自己轻松地想象一下没有煤气灯操控关系的未来。

想象完以后，睁开眼睛，把下面的每一句话补充完整。

想象中我最喜欢的未来是 _____

_____

想象中的未来让我感到担忧的是 _____

_____

我想成为的那个人是 _____

_____

脱离（或处在被大大限制的）操控关系，会在_____

_____方面帮助我成为那个人。

脱离（或处在被大大限制的）操控关系，会在_____

_____方面阻止我成为那个人。

我的"空中乘务员"告诉我 _____

_____

在回答这些问题的时候，我感觉 _____

_____

此刻，我的身体感觉 _____

_____

评估你们的关系

既然你已经仔细地考虑了你所处的煤气灯操控关系的过去、现在和未来，是时候评估一下这段关系——看看它是否适合你，今后又会如何发展。所以，拿起纸笔，把下面的话补充完整。切记，想写多少就写多少，没有字数限制。

假设我要对我的"空中乘务员"——我最信赖的指引者——描述这段关系，我会听见自己说 _____

_____

假设我的"空中乘务员"亲眼看到了我们的相处过程，他们见到的是 _____

_____

第七章 走还是留？

想象出一个小孩，可以是弟弟或妹妹，也可以是其他关系亲密的小孩。想象这个小孩日渐长大，也处在一段像我这样的煤气灯操控关系里。这个时候，我感觉_____

_____

自从我进入这段煤气灯操控关系，我感觉我更_____

_____

自从我进入这段煤气灯操控关系，我感觉我不再那么_____

_____

当我考虑这段煤气灯操控关系对我的影响时，我感觉_____

_____

> 以不带偏见的专注力见证内心变化的能力，使得我们可以用全部心智来应对人生。
>
> ——塔拉·布莱克

请仔细想想以下问题，然后回答。

如果你想到了更多正反两面的观点，可以继续补充。（你可以用词汇、图画、句子，或者是一些符号。）

我可能想继续这段关系，因为_____

_____

我可能想放弃这段关系，因为_____

_____

最后，花点儿时间调整自己。你也许想轻闭双眼。从几次深呼吸开始，接纳自己。这项任务不容易，你值得为自己努力，哪怕非常艰难！

然后问问自己

我的世界里真的需要煤气灯操控者吗？

想到这，你的心是否拨云见日？也许你会想留下来，但如果你的心一沉，胃一紧，或者你开始感到麻木疲惫，也许你会想离开。假如你实在拿不定主意，可以考虑一下暂时分开。分开一段时间也许会帮你厘清问题，并让你的煤气灯操控者有空间来考虑他是否想改善这段关系。

意想不到的开悟时刻

在空白处写下你自发的见解：

_____

_____

做一个孤独的人。这让你有时间去质疑、去寻找真理。拥有圣洁的好奇心。让你的生命更有价值。

——阿尔伯特·爱因斯坦

第八章

远离煤气灯

在你做完去留的决定后，会面临一个新的挑战：如何让自己的生活一直远离煤气灯操控。无论你是努力想从内部改善一段煤气灯操控的关系，还是想要给它设限，抑或干脆离开，我会帮助你完成这些任务。

现在你已经明白了自己在煤气灯探戈里扮演的角色，学到了一些脱身的新方法，学会了怎样关掉煤气灯，而且很可能已经进行了一定程度的练习。你甚至可能已经做好了决定，是彻底离开你所处的煤气灯操控关系，尽可能地给它设限，还是从内部调整这段关系。

接下来怎么办？

第 1 步：确定你的目标

- 你打算从内部调整煤气灯操控的关系吗？
- 你打算给煤气灯操控关系设限吗？
- 你打算摆脱煤气灯操控关系吗？

如果你打算从内部调整煤气灯操控关系

这可能是最具挑战性的选择。你和你的操控者已经建立起了一种强大的互动模式,需要付出大量努力和决心来改变这种模式。

> 如果你想改变、限制或离开一段煤气灯操控关系,请记住,在思考以下建议与你个人相关的细节,以及如何以最有效的方式使用时,对自己温柔、耐心一些。

为了从内部调整煤气灯关系,你需要考虑以下建议。

1. 唤醒你真善美的价值观。记住:你的行动要符合你的价值观。

2. 要坚定自己的选择。只有在你坚决要改变时,你们的煤气灯操控互动才会改变。你的操控者也必须意识到并愿意改变他的行为;但如果你不改变自己的行为,就很难期待他的转变。每当你陷入这种互动时,记得唤醒你真善美的价值观。

3. 要清楚自己的感受。时刻关注自己的感受和反应,无论是情绪上的还是行为上的。试着确认你的焦虑、悲伤、愤怒或孤独,只是暂时的感觉,并不能反映你日常生活的现状。花时间想一下,当你焦虑、愤怒、悲伤或有其他情绪时,通常会做什么。记住,情绪没有好坏之分,要允许自己拥有所有的感受——愉快的和不愉快的。所有情绪都是重要的信息来源,重要的是,要倾听你的情绪在告诉你什么。记住,虽然你无法控制情绪,但你始终可以选择如何应对它们。

4. 要诚实地看到长远的变化。试试一个月内坚持记日记。每天晚上记下几个词，来总结你这一天的经历。到了月底，把所有记录都抄到一个图表中，分为两栏：愉快和不愉快。这个图表说明你一整个月的总体趋势是怎样的？

5. 要自律且有技巧。当你感觉不舒服，或在诱惑下想放弃时，准确识别并运用对你最有效的情绪调节策略，帮自己做得更好。

6. 要充分对自己负责。我不是说被操控者应该对煤气灯操控者的行为，甚至为这段关系的后果负责，但你要为自己在这段关系中扮演的角色负责，知道如果你发现自己处在煤气灯探戈中时，该怎么做。

7. 要对双方有同情心。对自己和煤气灯操控者都要有同情心。一旦出现煤气灯操控，可能很难理性地看待对方的脆弱和心理需求，因为他们的操控行为确实是扭曲和让人痛苦的。但请想到他们也许是受害者，也许是在一个操控的家庭中长大，无能为力。或者他们被朋友操控过，现在仍未摆脱煤气灯操控，所以他们不明白为什么你有能力让它停止。允许自己成为一个脆弱、有需求、有缺陷的人，这是人之常情。你的同情心可能不会改变你离开或留下的决定，但它会改变你的语气——对你们俩来说可能都会——改变你现在和未来所讲述的故事。

如果你准备好了，我想请你试试慈爱冥想的第二部分。如果你还没准备好，请不要对自己太苛刻。如果你将来想尝试，只要记得它在这里。

如何摆脱煤气灯操控

在给予自己爱与善意后,想想你的煤气灯操控者,如果你准备好了,也请给予他们爱与善意。这并不意味着你忘记了身陷煤气灯操控,也不意味着你想留下,但这确实意味着你认识到了人性及其弱点,而且你正在予之同情。富有同情心可能是你今后要在这个世界如何展现自己的重要部分。

首先,对自己表达同情。然后,想想你的煤气灯操控者,深呼吸。默默对自己重复以下这些话后,再次对你自己表达同情。

慈爱冥想

愿我心境愉快	愿他们远离痛苦
愿我身体健康	愿他们安乐自在
愿我远离痛苦	
愿我安乐自在	愿我心境愉快
	愿我身体健康
愿他们心境愉快	愿我远离痛苦
愿他们身体健康	愿我安乐自在

如果你打算给煤气灯操控关系设限

你也许得出结论,当你们保持较远距离时就可以避免煤气灯操控,可一旦变得亲密,就不可避免地涉及操控行为。

如果你不想彻底切断这段关系，同时又想限制它对你的负面影响，那我建议你采取以下行动。

1. 要善于分析形势。列出所有这段关系中可能引发煤气灯操控的情况或话题。考虑一天中的哪个时间（也许是晚上你们都疲惫时）、一周中的哪一天（对某些人来说是星期五晚上）或一年中的哪个时间（生日或假期）有可能引发煤气灯操控。

2. 要明确具体情况。根据你的分析，决定几种可以设限或制造一定距离的具体办法和时间。在你考虑好如何保护自己免受煤气灯操控后，请列出哪些接触会奏效。你是否想限制特定类型的对话（如避免与某个朋友进行长时间对话），或者你希望仅在人多的场合或一对一的情况下见到此人？考虑清楚所有妨碍你设限的障碍，解决它们。

结束每一天并为它画上句号。你已经做了你能做的。在不经意中，肯定会失误和犯傻，尽快忘记它们。明天又是新的一天；好好地、平静地开始吧，振作精神，不要被过去的荒唐拖累。

——拉尔夫·沃尔多·爱默生

---

3. 要有化解问题的创造力。在认定某件事做不到之前，先看看你是否能想出一种巧妙的方法来解决问题，而不是硬碰硬。打破自己的常规思维，试试别的设限方式，如在咖啡馆而不是家里见面、设计使用承诺兑换券等。

4. 要既友善又坚定。提醒自己，你有权设定任何你想要的限制，然后，确保你不会妥协，尽可能冷静和友善地守住这个限制。用你喜欢的情绪调节策略来准备对话，或者在对话出问题时帮你保持冷静。

5. 要自律且有技巧。如果你没有就你想要设定的限制，给出一致、坚定的信息，几周之内你们的关系肯定又会回到之前的状态。仔细考虑给出的信息，留意你需要什么来帮自己传递出一致的信息。请记住："不"是一个完整的句子。

6. 要坚守自己的原则。记住，在煤气灯操控者理解并同意努力改变这段关系互动前，你需要投入额外的精力来确保得到你想要的东西，同时意识到自己可能会遭遇一定程度的抵抗。坚守自己的原则包括下决心照顾好自己。如果你需要一段时间休息和恢复活力，那就休息一下吧。确保饮食健康、睡眠良好、每天活动身体。自我照顾的基础知识，将帮你增强力量，并为继续努力实现没有煤气灯操控的生活做好准备。

7. 要对双方有同情心。对煤气灯操控者和你自己都要有同情心。毕竟你们都不是主动选择陷入这种困境，你们都在受苦，都会犯错误。即使你可能要艰难地做一些决定，也要试着对自己多几分同情。

如果你打算摆脱煤气灯操控关系

你可能已经做了决定，真正摆脱煤气灯操控的方法，就是彻底结束这段关系。

第八章 远离煤气灯

如果你想彻底摆脱这段关系，我建议你采取以下行动。

1. 要活在当下。离开一段关系会让人痛苦，即使离开一段不再让你快乐的关系，也是一种失去。允许自己去感受所有——包括痛苦。活在当下，不需要与未来联系在一起。未来充满神秘和各种可能性，专注于现在的生活，过好每一天，未来的事就随缘吧。

2. 要乐于接受帮助。允许自己寻求帮助。向你信任的人寻求支持，不必独自承受。社会支持可以带来舒适和平静，带来你所需的洞察力和联系。打电话给朋友和亲人，寻找治疗师，练习瑜伽或冥想。在遇到困难时伸手接受帮助，会让我们变得更强大，让别人知道你信任他们。向自己致敬，然后寻求帮助。

3. 要保持适度的耐心。你已经朝着你想要的改变迈出了一大步，但可以确定的是，一切不会立刻实现。即使你不够有耐心，也要耐心一点儿。练习呼吸，给自己多一点儿时间静观其变。

4. 要对双方有同情心。对你和煤气灯操控者来说表现出同情心都是非常有帮助的。接受你已经尽力的事实，并给予自己应有的同情心。

大火

蔓延

仅仅因为有空间

有机会

而火焰

知道想要如何燃烧

> 便能找到它的路。
>
> ——朱迪·布朗，《海纳百川》

一些可以帮助你长期远离煤气灯操控的建议

- 倾听你内心的声音（花时间做白日梦、散步、反思）。
- 写日记。
- 坚持和你信任的朋友聊天。
- 如果你很想投入一段煤气灯操控关系，先想想你信任的导师或学习榜样会说什么。
- 问问你自己：这位男士对我女儿、姐妹、母亲足够好吗？
- 练习积极的自我对话。诚实地告诉自己你有哪些好的、令人钦佩的特质。
- 通过和精神层面的联结滋养自己。留出时间祈祷、冥想，或安安静静地和内心最深处的自我重新联结。
- 坚定你的价值理念，用你推崇的方式对待他人。
- 和肯定你精神世界的人待在一起。
- 相信"不"已经足够表达很多东西，多多使用这句话。
- 参加某种体育运动。
- 参加一门培养自信的课程，或领导力培训班，加强有效沟通、自我指导和谈判的技能。
- 只做你想做的事。如果你不喜欢，就说"不"。你会感受到坚定的力量。

好好利用这本书中的练习，它可以帮你厘清你的思路，强化你的情绪和精神。我们可以再想象一下那座被栅栏环绕的美丽的房子，只有你有权力打开大门让别人进来。每当你觉得自己开始动摇的时候，就练习让对的人进门，而把错的人通通关在门外。请记住，你对谁能进门有完全的决定权，所以别让任何你觉得不对的人进来。向自己保证，你绝对不允许在这所房子里产生任何一段你觉得不舒服的对话。

重写你的回答

远离煤气灯操控的关键一点，就是不要让自我价值依赖于别人的认可。培养一个强大、清晰的自我认知和自我价值感，对避免操控关系至关重要。

用自己的话，写写对自我价值的看法

你觉得自己是一个值得被爱和尊重的人吗？是__否__

如果你曾允许操控者替你回答过这个问题，哪怕只是一分钟，都太久了，现在拿回你的权力吧。在一张纸上写下几句格言，关于你的人生价值，以及你在未来关系中想要的、觉得应该得到的东西。

一旦有了这些记录，你就可以经常想想它们。有意选择的有同情心和爱的话语，是积极的自我对话，它将提升和照亮你前进的道路——也就是你审视和思考自己的方式。

> **个人反思**
>
> 哪些语句让你印象深刻？写下来。
>
> _____
>
> _____
>
> 通过反思，最让你感同身受的是什么？
>
> _____
>
> _____
>
> 还让你想到了什么？
>
> _____
>
> _____
>
> 在选择新的人际关系和职业挑战时要牢记——让自己的头脑保持理智和清醒。

思考未来

想在未来真正摆脱操控，就要更仔细地探究煤气灯操控中那些让人难以抗拒的地方，问问自己是什么如此吸引你。煤气灯操控往往带有一种强大的诱惑力，超出了我们之前讨论过的范畴。我们常常感到，与其他人际关系相比，煤气灯操控带来了更刺激、更有魅力、更特别的东西。这种关系的戏剧性，也许是其魅力的一部分。

第八章 远离煤气灯

我们中的许多人都带着一个隐秘的"额外"愿望走入关系中。我们希望这段关系能给当下带来爱和快乐,同时也希望它能治愈过去。对方能让我们感觉完整、拯救我们远离孤独、确保我们真正被理解。或许我们也喜欢自己可以为对方做同样事的可能性。

当你展望未来,思考如何让自己的人生远离煤气灯操控时,想想自己是否准备好放弃这种反复"来电和疯狂"所带来的额外刺激。深思熟虑地想一下,对你来说,设置自我保护边界究竟意味着什么。

煤气灯操控关系结束后,可能会有些空落落和悲伤,同时也会感受到释怀和自由。你真善美的价值观是值得的,你应该得到一种安全、充满爱和尊重的关系。

客观看待事物

你该如何区分普通的不完美和严重的问题呢?

1. 总体而言

- 在关系中,你是否感到自己是被倾听、被赞赏且跟对方沟通交流是有效的?是 / 否
- 你是否觉得得到了自己想要的东西?是 / 否

2. 咨询你的"空中乘务员"

- 当你想到这段关系时,你感到快乐、满足和满意吗?是 / 否
- 还是感到焦虑、惊恐和不安?是 / 否

当超越应该和不应该的局限时,让我们来反思一下现在的状况,以及我们的目标。

总结练习

"我现在的状况如何?"
_____
_____

"我的目标是什么?"
_____
_____

"我现在该如何做才能达到自己的目标?"
_____
_____

"阻碍我前进的是什么?"
_____
_____

"我该怎么做才能解决这些阻碍?"
_____
_____
_____

保持真善美的价值观：做最好的自己

一般说来，远离煤气灯，很重要的一部分是要留心，该如何过好自己的一生。你是否一直耿耿于怀上次和男朋友、母亲或老板的争吵？你是否专注于你想要过的生活：真善美、充实和快乐的人生？煤气灯操控占用了我们大量的精神、情感和心灵能量，把这些能量用于真正重要的目标和梦想，可以帮我们远离操控。

值得高兴的新可能

- 你有机会让自己的生活远离煤气灯操控，走向全新的未来。
- 你有机会改善或摆脱不理想的关系，选择开启新的关系来滋养你的自我认知、活力和乐趣。
- 你有机会成为一个更强大、更坚定的人，一个掌控自己命运，按自己的价值观生活的人。
- 最重要的是，你有机会发现自己真正想要的东西——在工作、生活、人际关系和自我方面。摆脱了煤气灯操控，你可以做出更好的、更适合自己的选择。
- 你可以成为最好的自己。

> 暴风雨结束后，你不会记得自己是怎样熬过、活下来的。你甚至无法确定暴风雨是否真的结束了。但有一件事是确定的。当你穿过暴风雨，你就不再是原来的那个人了。
>
> ——村上春树

第九章

呼唤快乐

恭喜你！在你希望有所启发、有时艰难的个人旅程中，你明白了什么是煤气灯操控，以及卷入煤气灯关系的明显迹象。为了帮你专注于个人经历，在我的引导下，你已经逐步了解煤气灯操控的发展阶段和三种最常见的煤气灯操控者。在探索过程中，你被要求深入挖掘自己的内心想法和感受，你勇于直面脆弱以及为此付出的所有努力，让我感动至深。

我希望以下概括能够突显你的一些主要收获。我的目的是简要回顾一下复杂的主题，帮你找回强大有复原力的自己，记住你发现的，与自己和他人重新建立联结。我希望你能重新获得灵感，找到快乐和自由，表达你最强大的潜能和创造性自我。

这是对快乐的呼唤。

建立一个强大、清晰的自我意识和自我价值感是至关重要的。请把自己纳入你同情的圈子里。在这一章，我们将探索以下内容。

- 滋养你的自我认知、活力和乐趣。
- 成为一个更强大的自己，一个能够规划自己的道路，按自己的价值观生活的人。
- 发现你真正的需求。
- 做出适合自己的选择。
- 如何成为最好的自己。

> 鸟儿在天空中自由自在地盘旋,
> 它们是怎么做到的?
> 它们跌落,不断地跌落,
> 在跌落中获得了翅膀。
>
> ——鲁米

重点:什么是煤气灯操控?

煤气灯操控始终是双方共同制造和互动的结果。

1. 煤气灯操控者先播下让人疑惑和怀疑的种子。
2. 被操控者为了维持双方关系的完好而去怀疑自己的看法。

记住:个人重点

当你第一次读到"煤气灯操控"的定义时,有什么感觉?你当时认为它很重要,还是觉得与自己无关,并未在意?

当时的反应对你有何启发?

呼唤灵感：你的人生格言——你想分享什么？把它写下来，不断启发自己。例如："妈妈告诉我，当你和对方争论时，永远不要说明知会伤害对方的话。"

重点：煤气灯操控的三个阶段

回顾之前的煤气灯操控原理，请记住它分为三个阶段。起初，它也许不太明显，你甚至都没注意到。然而，最终，它会占据生活的很大一部分，甚至你的思想，让你情绪崩溃。

第一阶段：质疑——你可能隐隐约约感觉有些事情不对劲，但又无法确切指出哪里出了问题。

你希望赢得煤气灯操控者的认可，让其肯定你是优秀、有能力、值得被爱的人，但无法实现的话，你也能接受。

第二阶段：辩解——你不断为自己辩解，思考到底谁对谁错。如果得不到对方的肯定，你无法忍受自己不得不离开的想法——即使是离开一场争论。

你失去了做出判断或看清大局的能力，而是把精力集中在煤气灯操控者指责你的那些细节上。

第三阶段：压抑——你更加孤僻、压抑，回避谈论你和他人的关系。和煤气灯操控者在一起时，你尽量避免任何可能引发煤气灯操控的行为。

煤气灯操控者需要被认可，而你需要他们的认可，所以你选择责怪自己。你开始觉得自己无能为力，不知道如何才能让自己快乐。你感觉无趣和麻木。

记住：个人重点

当你越来越熟悉煤气灯操控的三个发展阶段，其中某个阶段对你来说是否似曾相识？

早期阶段是否有预警信号？你还记得是什么时候从一个阶段进入另一阶段的吗？

重新找回你的声音——记住强大的你是什么模样——成为一个能够规划自己的道路，按自己的价值观生活的人。问问自己这些问题吧。

- 目前，对你而言什么样的选择是正确的？
- 决定你的选择和生活方式的个人价值观是什么？
- 你最重视哪些价值观？
- 你生活中的哪些事激发了这些价值观？
- 遵从自己的内心，你想说些什么？你会怎么说？（可以写出来，唱出来，用一首诗、一幅画，或者就简单地、清晰地说出心中所想……）

呼唤灵感：你的人生格言——书中有很多来自诗人、哲学家和精神领袖的至理名言。现在请你发挥自己的创造力，成为启发鼓舞自己的人。你会说些什么来激励自己遵循并强化你的核心价值观，成为最好的自己？

> 人们放弃权力最常见的方式，就是认为自己没有权力。
>
> ——艾丽斯·沃克

重点：三种类型的煤气灯操控者

1. "魅力型"煤气灯操控者——他们为你创造了一个特别的世界。他们不肯为自己伤害性的或轻率的行为承担责任，同时传递相互矛盾的信息，即你必须接受并享受他们貌似慷慨和浪漫的举动。

2. "好人型"煤气灯操控者——当你说不清楚哪里出了问题时，"好人型"煤气灯操控者会用他们的方式，试图让你认为自己马上就会得到想要的东西。

3. "威胁型"煤气灯操控者——欺凌、内疚和隐瞒是惯用伎俩。无论何种话题，煤气灯操控者都迫切需要你的认可。当他们感受到挑战时，就会引发情感末日——大喊大叫、侮辱和鲁莽等行为，让煤气灯被操控者感到害怕和困惑。

记住：个人重点

少去理会别人对自己的看法，你能做到吗？当你不理会煤气灯操控者的看法时，还会出现其他什么感觉？

找出"过度关心别人的想法"和"更多地关心自己的感受"之间的区别。

你能做些什么来平衡这两者？想想你在短期和长期分别可以做些什么。积极的自我对话有助于两者的平衡！

_____

_____

阻碍你的是什么？

_____

_____

你该做些什么来解决这些阻碍？

_____

_____

什么能给这段关系带来快乐？这也许是个有挑战性的问题，特别是如果你深陷煤气灯效应且很长时间没体验过快乐了。给自己一点儿时间，在寻找可能的快乐时刻时，要有耐心。

_____

_____

呼唤灵感：你的人生格言——发挥你的灵感，写在下面空白处。你有哪些话，可以鼓励你按自己的核心价值观生活，成为最好的自己？

_____

_____

重点：煤气灯探戈

煤气灯操控关系一定离不开双方的积极参与。一旦你不再争输赢，不再说服你的煤气灯操控者认为你是对的，你就能马上结束煤气灯探戈。或者，你可以直接选择退出（放弃改变他们的看法）。

你内心深处有一股力量，可以把自己从煤气灯效应中解救出来。第一步，就是要意识到你在煤气灯操控中扮演的角色。

我们为何继续逆来顺受？
害怕遭遇情感末日

情感末日像是一场爆炸，将周遭夷为平地，并在之后很长一段时间内持续释放毒气。

潜意识中的趋同心理

无论我们多么坚强、聪明、有能力，我们都会把操控者理想化，迫切地想要赢得他们的认可。

当我们对分歧或意见不同感到焦虑时，应对方式不外乎以下三种。

1. 让自己迅速和对方保持一致。
2. 试图通过争论和（或）情感操控，让煤气灯操控者接受我们的看法。

3. 在操控者的坚持和我们的抗争下，双方精疲力尽，我们选择妥协以避免情感末日的到来。

记住：个人重点

如果你发现自己在跳煤气灯探戈，你能否识别出任何互动？

想一想自己的互动，你会如何描述自己的一些容易被煤气灯操控的反应？

你能否看到自己的反应是如何强化了煤气灯探戈？

你现在的状态（习以为常）和停止煤气灯探戈来创造更健康的互动，两者之间到底有多大差距？

你可以做些什么来缩小这一差距？

阻碍你的是什么？

你该做些什么来解决这些阻碍？

请记住，跳煤气灯探戈会毁掉快乐。牢记这一点并放眼未来，怎样才能给这段关系带来快乐？

重点：解释陷阱

这是指想方设法掩饰那些困扰我们的行为，包括煤气灯操控。我们找到貌似合理的解释，向自己证明这些危险信号并不危险。解释陷阱会很容易，但容易的方法不一定健康，甚至毫无帮助。

记住煤气灯操控期间发生的事：你的操控者（就算他们有时能与你真诚相处）会因太想要建立自我存在感和权力感，而向你证明他们是对的，得到你的认同。

你可能会想方设法解释对方的行为，编出一个令人满意的理由，把所有错误推到自己身上，好像自己完全有能力解决这些问题一样。

想一想，你也许并未理解煤气灯操控者此刻真正想要的东西——这正是他们进行煤气灯操控的根源。而你可能错误地认为自己可以"解决"。

让我们花点时间思考下

对煤气灯操控者的行为，你最先想到的解释是什么？

___

相信你的解释的理由是什么?

___

是否还存在其他可能的解释?

___

你的"空中乘务员"向你发出什么样的警告信号或告诉你什么?

___

停止煤气灯探戈

你该如何阻止煤气灯探戈? 以下这些建议,适用于煤气灯操控的任何阶段,尤其是第一阶段。

- 不要问自己:"谁是对的?"问问自己:"我喜欢被这样对待吗?"
- 不要担心自己"好不好",因为你已经足够好了。
- 事实性的东西无须争论。
- 始终坚守自我认知。

记住：个人重点

这些关于阻止煤气灯探戈的建议中，哪一条让你感觉最舒服？

_____

_____

它们可行吗？

_____

_____

现在和可行之间，差距有多大？

_____

_____

你可以做些什么来缩小差距？

_____

_____

你遇到哪些阻碍？你可以做什么来消除这些阻碍？

_____

_____

恢复自我价值，构建复原力——复原力是指适应、应对并最终战胜情绪压力和挑战的能力。它是在创伤事件后，或在持续的极端压力下，灵活地建立起通往幸福之路的能力。它并不是你与生俱来的性格特征或特异功能。构建复原力的办法有很多，关键是要找到能治愈你并帮你走向幸福的方法和策略。

请记住，治愈是一段独一无二的旅程。它不是恢复原状，而是复苏向好。不存在对错，也没有正确的时间表可以遵循。我们都是独特的个体，有着不同的需求。重要的是，你要知道，最好的复原力源于健康的身体和健康的心灵。让我们从支持身心着手，帮助自己增强复原力，拥有更大的幸福感。

有复原力的身体

- **呼吸** —— 腹式深呼吸是一种很好的开始。缓慢的深呼吸可以放松身心，激活大脑的前额叶皮质。有助于我们感到更平静，更有效地解决问题。
- **睡眠** —— 充足的睡眠与整体感觉以及功能改善有关。每晚7～9个小时的睡眠，能让你思维更清晰、决策更精准、情绪更积极，更好地管理情绪。
- **饮食** —— 食物是身心的养料。影响着我们的情绪，而情绪又会影响食欲。专家建议食用天然食品以及富含蛋白质、脂肪和碳水化合物的食物，适量享用自己喜欢的舒心美食（comfort foods）。
- **运动** —— 运动给予我们力量，强身健体有助于预防疾病，增强免疫力。找到对你有效的每天锻炼身体的方法！

有复原力的心灵

- **顺其自然** —— 灵活应对逆境。重新评估、放下你的需求，调整心态以继续向前。
- **寻找力量** —— 找到自己和他人身上帮你度过挑战期的力量。

- 积极的自我对话——和自己进行积极的对话。你对自己讲故事的方式，以及你在故事里扮演的角色，不仅反映你的复原力，也是一种治愈的方法。
- 更多地去爱——在压力巨大时，你的心会向爱与滋养的治愈力量敞开。接触他人，与你爱的、尊重你的人共度时光。保持社交是度过压力期的关键。
- 暂停一下——花时间反思并接受属于你的事实。只有对处境有清晰的理解，知道自己的需求，才能帮你适应并做出新的改变。
- 赋予意义——诚实地反思所发生的一切。问一些在这段关系中随时都可以问但却没问的问题。如何用新学到的知识让你的生活变得更有意义？

通过感受获得复原力

- 允许自己拥有一切感受。
- 巧妙识别和调节自己的感受，将帮你渡过难关。
- 表达你的想法和感受，对他人的感受持开放态度，加强联结，促进亲密感。
- 利用积极情绪的力量，积极地看待自己。
- 培养你对未来的期待感。
- 带着感恩之心开始每一天。
- 对帮助你的人表示感谢。
- 当你退步时，要善待自己。接受自己的错误，重回正轨。

> 复原力很常见——它是大多数人应对挑战的方式。
>
> ——乔治·博南诺博士
>
> 哥伦比亚大学教育学院临床心理学讲授
>
> 著有《带着裂痕生活》

记住：个人重点

想一想，你如果花更多时间关心自己并培养自己的复原力，生活将会有什么不同。

你能投入尝试哪些新事物？

_____

_____

呼唤灵感：你的人生格言——请写下让自己受到启迪的话。有哪些话可以鼓励你按照自己的核心价值观生活，成为最好的自己？

_____

_____

重点：我们为什么还待在操控关系里？

人们待在煤气灯操控关系里的五个主要原因：

1. **物质考量**——你还能维持目前的生活方式吗？这对你来说有多重要？

2. **害怕被抛弃和孤独**——你相信自己还有能力找到一段真爱吗？你想找吗？

3. **不想丢人**——如果你舍弃这段关系，你的朋友和家人会怎么想？

4. **幻想的力量**——你对这段关系是否存在想象，以至于你很难割舍？

需要思考：那些容易受到煤气灯操控的人，往往会被三种毫无根据的念头裹挟：

1. 我们的搭档（煤气灯操控者）会是我们唯一的支持者。
2. 我们可以靠宽容、爱和榜样的力量来改变他们。
3. 我们足够强大（或足够宽容、有耐心），可以改变任何不想要的行为。

煤气灯操控者的不良行为，并未减弱我们对他们的喜欢或让彼此疏远，而是提供了另一个证明我们有多强大的机会。但我们需要足够智慧、谦逊，才能在最低谷时积聚力量，成为自己的父母，照顾好自己。

5. **精疲力竭**——当你精疲力竭时，思维就不会那么清晰，无法做出最好的决定。你很难抓住重点——无论是自己的感受（反正已经麻木了），还是别人对这段关系的看法。

> 勇气不仅是一种美德，还是在经受考验时美德的表现形式。
>
> ——C.S. 刘易斯

自我操控等于自我破坏

自我操控会阻碍你寻求积极的改变。毕竟，如果你不认为自己的处境有那么糟，你就不会采取行动改变它。

垃圾式自我对话——我们通过自我对话来贻害自己。

- 你忽略自己的感受。
- 你不断责备自己。
- 你怀疑自己。
- 你是你自己最糟糕的批评者。
- 你质疑自己，包括自己的记忆。

这听起来也许很熟悉，因为这和你被操控时的感受非常相似。然而，在这种情况下，你就是操控者。某件事是错的，你却让自己相信它是对的。我们接受自我怀疑，却对自己的能力和潜质视而不见。

为了挑战这种习惯性的思维方式，先要留意你是何时采取了消极和自责的思维方式，然后用行动来拥抱积极和强大的自我。

成年人的声音——请记住，自我对话通常始于童年，而且往往受小时候别人和我们交谈或谈论我们的方式的影响。

- 当你回忆儿时的那些成年人时，你会想到谁？
- 当你想起他们时，你的第一感觉是什么？
- 他们的声音听起来怎么样？他们对你说了什么？

- 你还记得当时的感受吗？你现在感觉如何？
- 当你反思自己消极的"自我对话"时，你最熟悉的声音是怎么说的？
- 那是谁的声音？
- 作为回应，你想对他们说些什么？（请写下来。）

你的回应：说出你的想法——现在，把你写下的这些话语具体化，表达你的回应。让你的身体成为你的老师。在困难的关系中，我们往往很难说出"不"，因为"不"不仅是一个词，还有更复杂的含义。练习表达自己的想法会很有帮助，也会让人感到自由。

现在让我们说出你的回应："不！""不，我不是！""不，我不懒！"，或其他任何适合你的说法，比如："我是一个优秀的人！"

- 想象一下你想对某人回答"不"或"不，我不是"的情形，可以是你能回忆起的自己愿意或不愿意的时候，也可以是你想象的将来会有的对话。
- 留意你的站姿或坐姿，以及身体的感受。
- 自然地说出你想说的回答。
- 现在大声重复一遍（留意自己更有力量地说出回答时的感受）。描述一下这种感觉。
- 现在再重复一遍，声音能多大就多大。感觉如何？

- 现在留意你身体的姿势,保持在这个姿势。是不是很熟悉这个姿势?
- 让你的身体像跳舞一样调整好姿势(取决于你的能量以及身体感觉)。
- 只是做一个观察者——不要对自己或自己的感受评头论足。现在上下跳一跳,舒展一下身体!然后停下来,深呼吸,放松。

呼唤灵感:你的人生格言——发挥你的灵感。有哪些话能鼓舞你按照自己的核心价值观生活,成为最好的自己?

―――――――――――――――――――――
―――――――――――――――――――――

你的河流故事

记住人生中的快乐

让我们重温一下第一章中"河流的故事"。我们将重温那些试金石和决定性时刻。在第一章中,我们探究了你的话和想法是否受到支持或打压。现在,我们来回忆一下人生中给你带来快乐的时刻。

决定性时刻、关键的试金石和感受

换个角度,看看你的"河流故事"。

第九章　呼唤快乐

1. 过去几年到现在，观察一下影响你生活变好或变坏的决定性时刻。包括你快乐的时刻，以及你的快乐没有得到满足或被打压后变为痛苦的时刻。
2. 闭上眼睛，以舒服的姿势坐在座位上，放松，做几次缓慢的腹式深呼吸，释放多余能量，集中注意力。
3. 当你感觉好了，回到开头，抓住要点，平和地回答以下问题。

今天的日期
你们这段关系开始的日期

有没有让你感到开心的时刻？

你还记得身体和心理感受到了什么样的快乐吗?
_____
_____

你最后一次感到快乐是什么时候?
_____
_____

你感到快乐时的具体细节(人物、地点、活动内容)是什么?
_____
_____

现在你能做些什么,为生活带来更多快乐?
_____
_____

呼唤快乐

你现在想自由地写些什么?对你来说,写到快乐,它究竟是怎样的——想想如何给生活带来更多快乐?教学中有一种智慧,就是看到孩子笑可以给自己带来快乐,给予能带给你快乐,爱能带给你快乐,内心平静可以带给你快乐。你还能想出其他什么可以给自己带来快乐的吗?

在探究了煤气灯操控以及回忆快乐后,假如你想把快乐带回你所处的关系之中,那就去做吧!如果快乐从来不是其中的一部分,或者你无法想象未来的快乐,请在此处完成复习。

重点：关掉煤气灯

让我们回顾一下设限技巧，与你所珍视的价值观建立联结，加强自尊和复原力的内在核心——这是关掉煤气灯的第一步。在你没完全准备好采取行动前，你是无法关掉煤气灯的。

唯一有助于改变你们关系的是你坚持自己想要的生活——是一种没有煤气灯操控的生活。你和你的另一半都需要知道，如果你没受到尊重，甚至因自己的观点而受惩罚，你就不会继续待在这段关系里。

采取行动

1. 采取行动
2. 关掉煤气灯

赋予自己行动力：六项计划

1. 识别煤气灯操控，设定优先顺序，制订计划。
2. 允许自己做出牺牲。
3. 直面自己的真实情感。
4. 坚持自己的价值观。
5. 给予自己力量。
6. 先跨出一小步，改善生活现状，然后循序渐进。

在改变的过程中要留意，问问自己哪些是有效的，哪些是无效的，要善待自己。

记住：个人重点

这六个步骤中，哪个最让你感觉鼓舞人心？你最想做哪一步？列出你身上特别有助于成功实施这些步骤的优势。

关掉煤气灯——以下五种方式，帮你改变你和煤气灯操控者之间的互动关系。

1. 分清事实与曲解。写下你们最后一次对话，看看是哪里出现了煤气灯操控。
2. 判断两人的对话是否涉及权力的争夺，如果是，就退出。
3. 识别你们各自触发煤气灯操控的言行。
4. 关注你的感受，而不是对和错。
5. 切记，你无法控制任何人的意见，即便你说的是对的！你可以控制自己的反应。

记住：个人重点

这五种方式中，哪项与你的煤气灯操控关系最相关？哪项感觉最可行？

是什么在阻碍你？

你能做些什么来解决这些阻碍？

呼唤灵感：你的人生格言——在空白处，发挥你的灵感写一写。有哪些话可以激励你按自己的核心价值观生活，成为最好的自己？

> 不要等待。没有刚刚好的天时地利。
>
> ——拿破仑·希尔

重点:选择你的下一步

你可能已经决定好下一步了。如果你还没决定好,那我们就再来回顾一下如何做出这个艰难的决定。

关于去留的四个问题

1. 我能换个方式和这个人相处吗?
2. 对方能换个方式和我相处吗?
3. 我是否愿意努力改变我们之间的相处模式?
4. 从现实来看,如果我付出最大的努力,这段关系是否就会如愿?

记住:个人重点

当你想做出改变时(如不再总想让煤气灯操控者认为你是对的),感觉可行吗?

如果不可行,是什么在阻碍你?

你能做些什么来解决这些阻碍?

试着从内部调整煤气灯操控关系：要做的七件事

1. 唤醒你真善美的是非观。

我活着的核心价值观是什么？

_____

_____

2. 坚定自己的选择。 改变煤气灯操控关系的唯一办法，就是你亲自改变它。

我该如何改变我的行为？

_____

_____

3. 要清楚自己的感受。 时刻关注自己的感受，留意自己的情绪和行为反应。

我一天的感受是怎样的？这说明了什么？

_____

_____

4. 要诚实地看到长远的变化。

我大多数时间的感受是不是很像？这一个月里我的主要感受是什么？

_____

_____

5. 要自律且有技巧地控制情绪。 准确识别并运用对你最有帮助的情绪调节策略。

我该如何控制自己的情绪反应，以便对煤气灯操控者采取不同的行为和反应？

6. 要充分对自己负责。对自己在互动关系中所扮演的角色负责，并确认如果你发现自己处在煤气灯探戈中时该做什么。

此刻，我要向我的煤气灯操控者承认，我的哪些行为可能引发了煤气灯探戈？

7. 要对双方有同情心。对自己和煤气灯操控者都要有同情心。你的同情心可能不会改变你离开或留下的决定，但会改变你的语气。

我在哪些方面对自己抱有同情心？

我在哪些方面对我的煤气灯操控者抱有同情心？

试着给煤气灯操控关系设限：要做的七件事

如果你想在维持彼此关系的同时限制煤气灯操控对你的负面影响，我建议你采取以下行动。

1. 要善于分析形势。列出这段关系中可能引发煤气灯效应的所有情况和（或）话题。

你的潜在触发因素：

_____

_____

煤气灯操控者的潜在触发因素：

_____

_____

2. 要明确具体情况。利用你的触发因素分析策略，决定设限和（或）保持距离的几种具体方式以及时间。

我设定的限制是什么？

_____

_____

影响这些限制的障碍是什么？

_____

_____

我将如何具体解决这些障碍？

_____

_____

3. 要有化解问题的创造力。在认定某件事做不到之前，先看看你能否想出更巧妙的方法来解决问题，而不是硬碰硬。

我会使用哪些巧妙的方法来设限？

_____

_____

4. 要友善且坚定。提醒自己，你有权设定任何限制，尽可能冷静友善地守住它。

在设限的同时，我怎样才能保持冷静，以取得最积极的结果？我可以使用哪些情绪调节策略？

_____

_____

5. 要自律且有技巧。在向对方释放设限信息时，要给出一致且坚定的信息。必要时，可使用情绪调节策略。要小心斟酌释放的信息。

我想释放的具体信息是什么？

_____

_____

6. 要坚守自己的原则。你需要投入额外的精力来确保得到你想要的东西，因为你知道自己可能会遭到一定程度的反对。

想象并描述一下，你愿意花多少精力来获得想要的东西。

_____

_____

7. 要对双方有同情心。对煤气灯操控者和你自己都要有同情心，你们都很痛苦，都会犯错。即使在你不得不艰难地做出决定时，也要试着对自己多几分同情。

你将如何对自己和煤气灯操控者表示同情？

_____

_____

试着摆脱煤气灯操控关系：要做的四件事

1. 要活在当下。让你和你的情绪保持在当下，把情绪投射到未来一般是不会准确的，因为未来充满神秘和各种可能性。

当想好要做什么之后，你现在感觉如何？

_____

想到未来时，是什么让你感到高兴？

_____

_____

2. 要乐于接受帮助并愿意寻求帮助。向你信任的其他人寻求支持，愿意接受支持会让我们变得更强大，让别人知道我们信任他们。

做些什么能给你带来安慰和平静？

_____

_____

你会联系谁聊一聊或听取对方的建议？

3. 要有耐心。你已经朝着想要的改变迈出了一大步，但一切不会立刻实现。保持耐心，深呼吸，一切会好起来的，给自己多一点儿时间来实现目标。

你现在需要什么？

4. 要对双方有同情心。同情心可以治愈你和你的煤气灯操控者。接受自己已经尽力的事实，善待自己。

你将如何停止消极的自我对话？

一定不要对你的煤气灯操控者说出伤害性的或无情的话。

可视化你们的关系：现在、过去、未来

再问一次，你会如何回答这个重要问题？

实事求是地说，如果我尽了最大努力，我觉得我们的关系会幸福吗？我们在一起的人生会让我快乐吗？

做最好的自己——你遵循怎样的个人价值观？请记住对你来

说什么最重要，活出有价值、有意义的人生。

随意写词

- 在以下横线处，随意写出一组描述人类情感、心愿和价值观的词语。不用想太多，不分好坏，想到什么写什么，能写多少写多少。

_____   _____   _____   _____

_____   _____   _____   _____

_____   _____   _____   _____

- 换个角度看看这些词，思考这些词语与你的关系。
- 圈出你人生中想要活出的价值——也就是启发你未来想要如何生活的词。
- 你觉得哪些词对你来说很容易做到？哪些词感觉很难？为什么？

无论你选择做什么——调整、限制或摆脱你的煤气灯操控关系——深思以上这些问题都会给你带来更多领悟。按照你的领悟采取行动，需要你下定决心选择一种没有操控的人生。请记住，对自己温柔一点儿，按照自己的节奏推进。有时回答以上问题会给你带来不舒服的感觉。

> 难度越大,战胜它就越荣耀。
>
> ——伊壁鸠鲁

重点:结语

希望你现在已经理解自己在煤气灯探戈中扮演的角色,找到了摆脱它的新办法。你已经学习如何关掉煤气灯,能决定是否要摆脱煤气灯操控关系,还是要给它设限或试着从内部调整它。重新获得能量后,如今的你可以集中精力让自己的生活远离煤气灯操控。

下一步做什么?让我们快速浏览你的个人重点,重新设想计划一下你该如何实现目标。

你接下来的计划是什么?

☐ 你正试着从内部调整这段关系。
☐ 你正试着限制这段关系的亲密程度。
☐ 你下定决心彻底摆脱这段关系。

你依然认可你的决定吗?是 __ 否 __
这个决定能否带给你快乐?是 __ 否 __
如果回答"否",那哪个决定最能给你带来快乐?
_____
_____

> 宽恕是自由的另一个名字。
>
> ——拜伦·凯蒂

记住：个人重点

重新找到自己

- 在这段关系中，你是否失去了部分自我？失去了哪部分呢？
- 想一下重新找回那部分自我的最好办法。
- 先迈出第一步，然后再一步一步实现这个目标。

记住你的快乐——你真正想要的是什么？你想拥有什么样的快乐？你想从体内排解哪些负能量？分享一个很棒的呼吸冥想法。

- 安静地坐下，腹式深呼吸几次，放松身心集中注意力，轻闭双眼。
- 把你的快乐想象成一道光，围绕着你。看着它越来越亮，你能感觉到它或看到它的颜色吗？吸气，让快乐充盈整个身体，从头顶到手指再到脚趾。屏住呼吸，用心感受。
- 当你开始呼气时，通过放松和收集你想要从身体释放的所有负能量来转移注意力。张嘴，用长而有力的呼吸将其吐出。注意你的负能量是否有颜色或感觉。
- 享受负能量释放后体内的新空间。当你再次吸气时,让这个空间充满快乐。
- 重复吸气和呼气直至感觉舒适,当你的身体充满快乐后,轻柔地结束这次冥想。内心带着这样的快乐,开启新的一天。

意外的礼物——想象一下,你正和一位值得信赖的朋友坐在一起,对方来吃晚饭是为了庆祝和支持你过上没有煤气灯操控的生活。能和朋友分享自己的经历、想法和感受,对自己来说是一种巨大的安慰。

- 朋友给你带来了一份意想不到的礼物!这是一个小包裹,你仔细地打开。它看起来像是一件棉质T恤衫,胸前印着一些字。当你展开T恤衫时,你欣喜若狂地惊叹道:"天呐,你真的了解我!你真的懂我!谢谢你!"
- 你的T恤衫上写着什么?

让我们画上句号——在本书开头,我曾让你做过一个快速练习。现在,读完本书后,我请你对这些练习做出"如今"的回复。希望你的回答能让自己笑起来,想一想你的辛勤努力,以及对过上没有煤气灯操控的生活的决心。

你"如今"的回复

1."你反应过度了,大家都认为你有点儿过了!"

你如今的回复:

_____

_____

2."你太不理智了……又这样。我跟你说这些都是为了你好。"

你如今的回复:

_____

_____

3."如果你把我放在心上,就不会在饭店打烊后才赶来。"

你如今的回复:

_____

_____

4."我从没对你说过那种话,你一定是失忆了。"

你如今的回复:

_____

_____

5."你看不出那些人是怎么看你的吗?你明明就是在打情骂俏——承认吧。"

你现在的回复:

_____

_____

第九章　呼唤快乐

结语

远离煤气灯操控的关键,是不要让你的自我价值依赖于他人的认可。培养强烈、清晰的自我意识和自我价值感,对增强你的复原力至关重要,并且能帮你远离煤气灯操控关系。

快乐取决于你

- 创造一种没有煤气灯操控的生活,向新的未来出发。
- 改变或放弃不满意的关系,选择新的能让你增强自我认知、活力和乐趣的关系。
- 成为更强大、更有创造力和自信的人。
- 按照自己的价值观,制订自己的道路和生活。
- 发现你真正的需求——包括你的工作、家庭生活、人际关系和自己。摆脱煤气灯效应,你可以做出更多好的、更适合自己的选择。
- 成为最好的自己。有意义地生活。

> 跳舞吧,当你破茧成蝶时。
> 跳舞吧,当你涅槃重生时。
> 跳舞吧,当你彻底自由时。
> ——鲁米

附录一

职场中的煤气灯操控

案例研究：马琳，一家制药公司聪明、勤奋的副总监，总是感到迷茫和缺乏安全感。她性格开朗，深受同事的喜爱。她的主管经常夸她，在小组会议上表扬她，在访谈时提到她。然而，她却一次次地与晋升失之交臂。终于，她鼓足勇气，主动找主管说出了心中所想。

"我很迷茫。我应该有机会升职，但三年来一直没有升职。而且疫情前我就觉得很有希望升职，但不知为何没了下文，我想跟您聊聊这件事。其实，今天午饭时我听雷娜说，她会得到那个空缺的执行董事的职位。"

马琳深呼吸了一下。在她继续说下去前，主管打断了她，再三告诉马琳她对公司多么有价值，让她不要担心。然后他开始不停地说雷娜在过去一年里表现得多么出色，多么值得升职。主管结束了谈话，建议几个月后再约。与此同时，他再次告诉马琳"完全不用担心"。马琳笑着离开了，感到暂时松了口气……直到

如何摆脱煤气灯操控

她意识到谈话中并没有关于升职的内容——话题被转移了,她的主管只是不停地谈到雷娜。或许她的担心是错的?或许她是个官迷?或许她不值得被提拔?或许她与主管之间的交流方式存在问题?

职场中煤气灯操控的一些预警信号

煤气灯操控可能并不完全涉及以下经历或感受,但如果你在其中任何一种情形里看到自己的影子,就要加以注意了。(在符合你的选项前打钩。)

☐ 你不断地进行自我怀疑。
☐ 你每天要问自己好多次"我是不是太敏感了?"或者"我是偏执狂吗?"。
☐ 在与上司或同事的互动中,你常感到困惑,甚至抓狂。
☐ 你可能感到自己被孤立了,但不知道为什么。
☐ 你正在回味和煤气灯操控者的谈话。
☐ 你总在道歉。
☐ 你不明白,为什么有这么好的工作可自己却不快乐。
☐ 你感到疲劳过度、筋疲力尽。
☐ 你不记得最后一次感到很有动力是什么时候。
☐ 你不明白,为何当上司或同事说他们很尊重你时,你却感觉不到受尊重。

- □ 你经常为上司或同事的行为找理由。
- □ 你知道不对劲，但你不知道哪里不对，并坚信是你自己造成的。
- □ 你开始对上司或同事口不对心，以避免被贬低和被歪曲事实。
- □ 你很难做出简单的决定。
- □ 你不再是熟悉的自己。
- □ 你怀疑自己能否胜任现在的工作。
- □ 你质疑自己是不是够格的员工或同事。
- □ 你在工作上远未充分发挥自己的潜力。
- □ 你似乎找不到自己的动力。
- □ 你感觉自己被困在同一个地方，无法前进，也不知道为什么。

职场中的煤气灯操控是怎样的？

煤气灯操控者的做法：通过操控、撒谎、转移重点、否认、孤立和散布谣言，来控制他人对目标对象的看法。他们从不承认自己正在做的任何事。

如果你觉得自己失去了立场，或在职场中受到了打压，那么可能有人正在对你进行煤气灯操控，也许是一个渴望权力的同事、一个想保住地位的经理、一个嫉妒的工作伙伴、一个有偏见的团队成员，或者一个不满的顾客或客户。他们的行为可能包括以下一项或多项。

1. 孤立或排挤你。煤气灯操控者可能会把你排除在会议之外，或把你从群组中删除，让你难以从他们以外的任何人那里获得信息、交流的机会或认可。

比如：你突然被从例行会议名单中移除，并注意到自己受邀参加的专业社交聚会越来越少。

> **结合自己说说看**
>
> 这种感觉是不是很熟悉？你能想出一个自己可能被排挤在会议、聚会或信息群之外的例子吗？
>
> _____
>
> _____

2. 忽视你。煤气灯操控者可能会在会议中忽视你，或不认可你的功劳。

比如：你们共同带领大家完成了一个成功的项目，但开会时提到该项目，却未曾提及你的名字。

> **结合自己说说看**
>
> 这种感觉是不是很熟悉？你是不是开始觉得，应该对自己在工作中的贡献提出异议？

附录一 职场中的煤气灯操控

---

3. 说你坏话或抹黑你。煤气灯操控者可能会在公开场合贬低你的工作和建议，有时甚至直接说你语无伦次。

比如：上司在会上直接嘲讽你或你的工作。

结合自己说说看

这种感觉是不是很熟悉？你能想出哪些具体的例子，比如上司在别人面前骂你、让你难堪，或者让你怀疑自己在团队中的价值？

---

4. 扯谎或否认。煤气灯操控者会睁眼说瞎话，让被操控者失去自信，如假装（甚至是愤怒地）分配了一项任务，实际上是分配了另一项任务。

比如：你的上司通过编造故事来制造虚假事实，故意省略重要部分让你看起来很差劲。

结合自己说说看

你能想出哪些例子，比如你认为上司故意误导他人，低估你做出的重要贡献?

_____

_____

5. 恐吓。煤气灯操控者是职场霸凌者,利用资历和个人权力来达到目的。他们甚至用威胁性的身体姿态(如高高在上、挡住门口),来传递一种煤气灯操控的信息。

比如:你不敢跟上司说实话或表达不同意见,因为你怕他们发火。

结合自己说说看

你能想出一个具体的例子吗?比如你被上司的行为或暗示的威胁吓到了。别急,慢慢描述,即使你知道回忆这些可能会让你痛苦。

_____

_____

6. 制造模糊界限。煤气灯操控者可能会刺激你潜意识中的趋同心理,让你接受他们认为的事实,因为你很想和他们保持一致。

比如:你的上司也许会毫无边界感。作为这段关系中更有权势的人,煤气灯操控者可能开始替你做更多决定。

> **结合自己说说看**
>
> 你能想出哪些例子?比如上司诱骗你让其替你做主,还伪装成是双方一起做的决定。
>
> _____
>
> _____

以下哪些情景,你觉得很熟悉?

☐ 上司总是抹黑你。

☐ 上司说你抱怨的事情都不值一提,是你太敏感了。

☐ 上司当面表扬你,但你却感觉其在背后贬低你。

☐ 你觉得自己无法取悦上司。

☐ 你过去觉得自己很有工作能力,但现在却没有了这种自信。

☐ 你总要证实同事的看法。下班后,你不断回味和上司的对话,却无法弄清谁对谁错,也记不住他们说了什么——但你感觉自己受尽欺负。

职场煤气灯操控的发展阶段:煤气灯操控也许不会变,但随着时间的推移,你被针对且不得不忍气吞声的体验,可能会导致你经历以下阶段和行为。

煤气灯操控的三个阶段

第一阶段：质疑。 当主管给你的绩效考评是差时，你感到吃惊，因为你是个不知疲倦、尽职尽责的员工。但你还是会认真听取他们"建设性的批评"，并采取行动改变现实。可最终当主管继续言之凿凿地批评你的表现时，你开始质疑他们说的是否正确。第一阶段的煤气灯操控具有隐秘性，会严重破坏人的情绪稳定性和自信心。你可能隐约感觉有些事不对劲，但又不清楚到底哪里出了问题。

以下这些，有没有符合你的？

- □ 你希望上司意识到你是一个优秀、有能力、专业性强的人，但你也接受事与愿违。
- □ 你从自我意识和观点出发，当他们说了一些不太对的事时，你可能会表达自己的观点。
- □ 当上司的言行举止具有伤害性或让人不解时，你会想："他们怎么了？"
- □ 你认为自己的观点是正常的，而他们的观点是错误的、歪曲事实的或蛮横无理的。但你开始有种烦心的感觉：或许他们对你的看法是对的。
- □ 你对正在发生的事情有自己的看法。你不确定自己能否为在小事上斤斤计较的人工作。

第二阶段：辩解。你不断替自己辩解，反思最近和主管的互动，思考如何才能让他们认为你是个有团队精神的优秀员工。你无法想象自己得离开这份了不起的工作，尤其是在获得他们的认可前离开。但是，如果你无法一直赞同他们的观点，他们就会展现情感末日：大喊大叫、贬低你，甚至忽视你、不理你、分配你更少的工作。这时，当上司反应过分时，你不会再想"他们怎么了？"。

以下这些，有没有符合你的？

- 你真的很想赢得他们的认可——这已成为你感到自信的唯一办法。你也许会大声争论或在心里分析，但你会先考虑他们的意见。
- 当他们的行为举止具有伤害性或让人不解时，你会想："是不是我的问题？为什么我不觉得自己做错了什么？"
- 你认为他们有自己的看法是正常的，迫切想得到一个表达自己观点的机会。你无法接受他们对你的批评有可能是对的，所以你要证明一件对你来说很重要的事：你是一个优秀、有能力、有价值的团队合作者，因为上司也这样认为。
- 你失去了自己做判断或纵观全局的能力，而是把注意力集中在他们的不满和指责上。

第三阶段：压抑。在长时间受到煤气灯操控后，你不再是刚入职时那个强大的你了。你在工作中感到更加孤立和孤独，甚至

如何摆脱煤气灯操控

不再和别人谈论上司。你会尽全力回避任何可能引发煤气灯操控的行为。在这个阶段，你常常接受了他们对你的看法和评价，并认同他们对你的负面看法是对的。

以下这些有没有符合你的？如果有，你可能正在跳煤气灯探戈。

- □ 你依靠煤气灯操控者来维持自己的职业声望，极其想赢得他们的认可。
- □ 尽管你有一份好工作，但你还是感到孤独、迷茫和沮丧，又说不清原因。
- □ 你已经对得到上司的赞赏不抱希望。
- □ 你想方设法证明煤气灯操控者是正确的，甚至以牺牲自尊为代价。
- □ 你仍在做无用之功，向煤气灯操控者证明是他们误解了你，他们应该改变看法。
- □ 你对一份曾给你带来灵感的工作感到无聊、麻木，甚至毫无乐趣。

你为何要忍受它？

1. 害怕失去工作和身份。对许多人来说，工作是生活和个人权力感的重要组成部分。这就是保持独立和依赖他人之间的区别。对很多精神富足、自主性强的人来说，无法忍受失去独立的自我。

2. 害怕被抛弃。在职场中，与同事的关系以及来之不易的成就，是维持强烈自我意识和个人目标的重要组成部分。失去与他人以及自我的重要联结，就等于失去了我们最重要和最强烈的成人依恋。

3. 害怕被报复。职场人士在职场等级制度中，努力表现得毕恭毕敬。但当部门流程图不断变化时，适者生存法则可能让一切变得越来越糟。一个小小的过失，可能会招致身败名裂和不公正的惩罚。

4. 对发怒和情感末日的恐惧。煤气灯操控者在公开场合发火，可能会吓到那些不明就里或遭受过暴力对待的人。大发雷霆会摧毁周围的一切，甚至在很长时间内毒害职场氛围。这是一种非常痛苦的经历，被操控者会想尽一切办法避免这种经历。完全屈服（在思想、情感和行动上）于操控者，似乎是他们能采取的唯一安全的做法。

5. 拼命想"纠正"煤气灯操控者对你"错误"的看法。你感觉自己无法挣脱一种念头，就是即便无法让操控者对你的看法变好，你也必须离开。你知道自己不能控制别人的想法，但你觉得自己不能放手，直到能说服煤气灯操控者认为他们是错的，你是对的为止。

制订计划：你应该如何应对煤气灯操控？

当前的需求——首先，看看你目前保持这种工作关系的需求，以便开始制订计划。想一想你现在个人和工作生活中的关键驱动因素。

经济需求，例如："为了养活我和我的家人。"

你的经济需求是什么？

_____

_____

心理需求，例如："为了实现我的职业和个人目标。增强积极的自我形象、个人幸福感和满足感。"

你的心理需求是什么？

_____

_____

声誉需求，例如："为了维护我在职场的专业声誉，让我的简历看起来很像样。"

你的声誉需求是什么？

_____

_____

准备关掉煤气灯

1. 明确问题，识别行为。
2. 允许自己做出牺牲。
3. 直面自己的真实情感。
4. 先跨出一小步，改善生活现状，然后循序渐进。

采取行动：给予自己权利和自尊

1. 识别问题及其发生时间。识别煤气灯操控能让我们清楚地看到问题，重新定义发生的事情。

识别行为。意识到上司的操控行为可以帮你看清状况，并采取行动保护自己，重新制订应对措施，提高取得积极结果的可能性。了解上司的煤气灯操控行为可以帮你弄清楚什么是你可以容忍的，什么是你不能容忍的。

我的煤气灯操控者对我做了什么？

_____

_____

作为被操控者，我做了什么？

我的行为：_____

我的感觉：_____

我的想法：_____

2. 允许自己做出牺牲。想象一下你可能得离开你的工作，即使你不用这样做。离开这段关系可能会让你付出一些代价，因此，愿意离开（即使最终你并未真正离开）往往意味着要面临巨大的损失。关键在于，你不知道结果如何。如果你什么都不做，这段关系就不太可能得到改善。改变的唯一希望就是采取不同做法。是的，如果你这样做，可能会冒着失去一些很有价值的东西的风险，但你必须下决定，不管做出改变对你来说是否值得。

3. 直面自己的真实感情。关注感受，而不是对错。只要能识别并说出你的感受,就能帮你与它们建立联结,赋予你坚持自我的能量。用不同方式表达出你的感受也是如此。

画出你的世界

现在,借此机会,画一张你的职场社交图。这次,我们要重点画出你个人的职场关系,发掘更多相关信息(你的人际交往圈、活跃的社交圈、每个人带给你的感受)。举例如下。

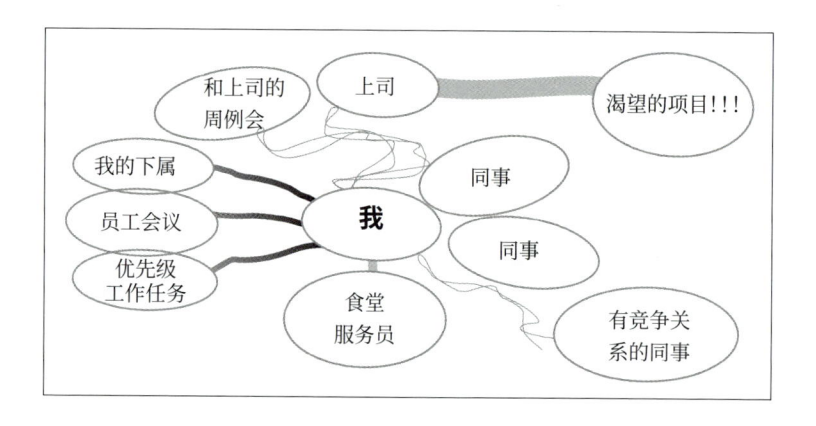

```
和上司的周例会    上司         渴望的项目!!!
我的下属                      同事
员工会议         我
优先级工作任务                同事
              食堂服务员      有竞争关系的同事
```

唤醒你的感受

用你喜欢的形式记录你的回答——三言两语、简短备注或其他你觉得对自己有用的。你也可以画出你的答案。

回想最近一次对你产生情感影响的事情。可能大到换了新工作,也可能小到与银行柜员意见不合。

描述一下事件的经过。
_____
_____

你当时有什么感觉?
_____
_____

你当时是怎么想的?
_____
_____

你当时是怎么做的?
_____
_____

4. 先跨出一小步,改善生活现状,然后循序渐进。采取行动带来的改变会让人惊喜——即使是很小的行动,也会改善你的生活状态。即使你的行动貌似和你的工作无关,也会让你有去停止煤气灯操控关系的动力。

采取行动:个人赋能

采取行动获得的力量,将成为应对操控者的强大武器。你可能觉得关掉煤气灯很难,因为在这种关系里数周、数月或数年后,你已不再像刚开始这段关系时那么坚强了。找回原来的自己是让你可以关掉煤气灯的有效办法。

如何摆脱煤气灯操控

你想先做什么？当你想到要这样做时，是什么给你带来了真切的快乐？

_____

_____

是什么阻碍了你？

_____

_____

你可以做些什么来克服这些阻碍？你愿意这样做吗？

_____

_____

> **关闭煤气灯的五种方法**
>
> 1. 按规章办事，保护好自己。
> 2. 分清事实和曲解。
> 3. 判断两人的谈话是否涉及权力的争夺。如果是，就退出。
> 4. 识别煤气灯操控的触发因素和模式。
> 5. 确定老板的底线。

在职场保护自己

1. 按规章办事。

- 信息存档 —— 记录保存好准确的通信信息，尤其是和操控者之间的。

- 聪明应对——计划好所有的谈话（排除非正式的聊天）、制订议程，并做好记录。
- 获得支持——尝试让第三人参加你们的谈话，以见证沟通，提供不同见解。

2. 从歪曲的事实中找出真相。煤气灯操控者常用他们的视角来讲述事件，于是我们彻底糊涂了。其实是他们口中丰富的事实，让我们认为他们说的都是对的。从歪曲的事实中找出真相，可能是关掉煤气灯的有效策略。记下你们之间的对话和互动。

列出煤气灯操控者对你的批评和指责。为了准备并厘清你的想法，请将它们写在下方横线处。

煤气灯操控者对我的指责

_____

_____

换个角度看看这些指责。作为自己最好的朋友，你觉得哪些有一定的道理。

回想你刚才审视过的指责（尽可能诚实），找出自己真实的动机、需求和表现，你能区分真相和煤气灯操控者的错误指责吗？写下你的感想。

> 煤气灯操控者歪曲的事实（错误的指责和假设）
> vs 我的事实（真正的动机和需求）
>
> _____
>
> _____

3. 这是对话还是权力争夺战？ 煤气灯操控是如此隐秘，以至于你并不总能意识到谈话的真正目的。权力争夺战和真正的对话之间的区别在于，在真正的对话中，双方都在认真倾听并化解彼此的顾虑，就算有时可能情绪激动。

如果你们争论的焦点不在于事情本身，那可以肯定的是你们已陷入了权力争夺战。如果是这样，那你可以选择退出了。

> **你要知道这是一场权力争夺战，如果……**
>
> 对话中包含很多侮辱性言论。
> - 你一直在重复讨论同一话题，却未能解决问题。
> - 你无法忍受被人误解，你需要同事理解你的观点。
> - 你们中的一人或双方都跑题了。
> - 不管你怎么说，老板或同事的反应都一样。
> - 你感觉自己被欺负了，但不知所措。

你可以采取一些办法来选择退出

- 深吸一口气，什么也不说，让你的老板或同事保持沉默。
- 你可以说："恕我直言，我不同意你的观点。如果可以的话，我想再好好考虑一下，然后我们再谈。"

关键是要学会如何克服强烈的趋同心理（乞求煤气灯操控者的认可），这可能会让他们更焦虑或愤怒。我们需要找到并练习选择退出权力争夺战的办法。

结合自己说说看

你能想出一些适合你的、可行的选择退出的说辞吗？把它们写在这里。

_____

_____

---

4. 确定触发因素和模式。你正陷入和老板或同事的煤气灯探戈，但你不确定他们的触发因素是什么。了解煤气灯操控者的模式会对你很有帮助。

请花点时间回想一下你做出的任何评论或行为，这些评论或行为似乎会引发煤气灯操控者的防御感和负面反应。这是你的无心之过吗？或许你做得非常好？

我的行为触发因素：_____

他们的反应：_____

我的行为触发因素：_____

他们的反应：_____

我的行为触发因素：_____

他们的反应：_____

5. 确定老板的底线和可能的后果。煤气灯操控是否不可避免地会导致惩罚——换岗、克扣薪水、解雇，或许这只是一种心理游戏？同样，当你看清状况，你就能找出自己的底线、想出自己的行动计划。

你的煤气灯操控者有哪些底线？列出你观察到的煤气灯操控的后果。

他们会：_____

他们不会：_____

他们会：_____

他们不会：_____

他们会：_____

他们不会：_____

设定界限——你能做什么？厘清你真正需要的关系。有些上司是我们工作生涯的核心部分，其他人则更像是幕后角色。没有人喜欢被上司控制，但如果你不用每天和他们互动，那这种关系可能会更容易忍受。

- **明智地选择界限**。列出一份需要你与老板或同事接触的工作清单，选择有用的方法来保护自己，让这段时间远离操控。
- **工作清单**。安排会议、电子邮件交流、工作任务、一对一团队会议、午餐会议等。
- **职业习惯**。制订议程、做记录、明确目标、尽可能让第三人参加会议、写下沟通内容等。
- **要避免的职场活动**。单独私下见面、议程模糊的周末会议、下班后喝酒等。

增强复原力和自愈力的重新叙事

- 你会如何讲述人生中这段关系或这段时光？
- 换个新视角来看待这段关系，你能学到什么？
- 这段时光对于你的意义是什么？

重新评价——最受欢迎的基于科学研究的情绪管理策略之一，是积极的重新评价。它很简单，就是对自己重新讲述所处的某种处境，以帮助自己用更积极的眼光看待这种处境。

重新评价不仅可以让我们感觉更好、更积极，更是一种有益的社交策略，可以从他人的回应中获得反馈。

重新评价在职场尤其必要且有效。

积极的重新评价——让我们练习改变消极的想法，以建立更积极的视角和情绪影响。

当前的消极想法："我放弃了。这工作我一天都干不下去了。我完全不受待见。"

新的积极视角："这份工作我还能再干两年，反正之后我要换一个更好的工作。"

当前的消极想法："我厌恶这里，我已经筋疲力尽。我放弃——我太失败了。"

新的积极视角："我还是能从这份工作中学到很多东西，所以我要咬紧牙关，奋发图强。只要能从中有所收获，我就觉得这份工作还不错。"

我目前的消极想法：

_____

_____

我的新的积极视角：

_____

_____

积极的自我对话——我们中的很多人，花在打压自己上的时间，多于鼓励自己的时间，尤其在煤气灯操控式的关系里。积极的自我对话是用爱来引导自己的一种方式。操控者给你灌输了怎样消极扭曲的自我认知？同样一件事，试着用积极的方式和自己谈谈。比如，操控者告诉你："你的意见不重要，我就没听你说过什么有建设性的话。"你的消极自我对话就会是："他说得对，我真是个失败者。"而新的积极自我对话会是："我是个很好的倾听者，我的建议都是经过深思熟虑的。"

我目前的消极自我对话：
_____

我的新的积极自我对话：
_____

附加说明：你如何才能把个人更多消极的想法转变为积极有益的说法？

从：_____
转变为：_____
从：_____
转变为：_____
从：_____
转变为：_____

快速回顾：应对煤气灯操控的步骤

当你考虑要采取何种行动时，让我们快速回顾一下讨论过的所有内容，以帮你找到重点。

如果你感觉自己在职场失去了控制力和工作效率：

请允许自己有这样的感觉。

如果你觉得不舒服，请进一步分析原因。

尽可能具体地描述你的感受。
_____
_____

请让你的"空中乘务员"替你把关。同你信任的人多联系，基于尊重的沟通会成为你的精神动力。

你的"空中乘务员"会如何说？
_____

你信赖的朋友会如何说？
_____
_____

写一段工作中让你感觉糟糕或困惑的对话。

给这段话取名为：你并没有疯。（在煤气灯操控下，给你的事实取个名字，让你更能看清它，重新界定发生的事。）

你如何重新构建这段对话，才能对你产生更积极的影响？

新的积极视角：

你是很难还是很容易被煤气灯操控的人？

你很难被操控吗？是__ 否__

在工作中——你对自己和工作相对有信心。上司对你的看法，并不能真正影响你的自我意识。有了这份自我尊重，你就有可能摆脱老板的一己之见，避免受到煤气灯操控。

你很容易被操控吗？是__ 否__

在工作中——如果你的自我意识取决于煤气灯操控者的认可，你就会觉得他们也许有道理。一旦你明知不对，却接受他们的歪理，你就为自己进一步被煤气灯操控敞开了大门。

想好你是否愿意和同事或上司谈谈你们之间的煤气灯操控关系。

如果你决定继续这份工作,请想一些可以积极地构建对话的方法。

> **结合自己说说看**
>
> 你可以说的话:
>
> _____
>
> _____

如果煤气灯操控者断然否认他们的行为,或者变本加厉,你要想好如何应对。

你打算如何做?想想你是否愿意舍弃自己的职位或限制这段关系,想一些你可以说的话来厘清你的想法,然后确定后续行动,这会给你带来最积极的结果。

> **结合自己说说看**
>
> 你可以说的话:
>
> _____
>
> _____

如果情况太糟或失控,请允许自己限制自己与对方的接触或离开对方。

> **结合自己说说看**
>
> 你可以做的事：
>
> _____
>
> _____

那么现在，你的计划是什么？——让我们回顾一下你的决定中的要点，以及你计划如何实现目标的细节。

你接下来的目标是什么？

☐ 你正尝试有效地改变和操控者的关系。

☐ 你正尝试有效地限制这段关系。

☐ 你决定彻底辞去工作。

> 你是否还坚持自己的决定？是 __ 否 __
>
> 这个决定是否会让你振作起来？是 __ 否 __
>
> 如果不会，那你可以做些什么来为自己赋能？
>
> _____
>
> _____

正确看待事物

现在，你如何区分偶尔几天的工作不顺和持续的煤气灯操控？

1. 总体而言
- 你在工作场所是否感到被倾听、被重视且有意义？是 / 否
- 你是否觉得你已经得到自己想要的？是 / 否

2. 求助你的"空中乘务员"
- 当你想到自己的工作时，是否感到快乐、愉悦和满足？是 / 否
- 或者，你是否感到焦虑、恐惧和不确定？是 / 否

回顾——最后，让我们整体总结一下。

结合自己说说看

"我现在在哪里？"

_____

_____

"我想去哪里？"

_____

_____

"为了达到目标，我将采取哪些行动？"

_____

> "到底是什么阻碍了我前进？"
>
> "我将采取哪些措施来解决这些障碍？"
>
> "当我实现了我的目标时，我的日常工作会是什么样的？"

结语

远离煤气灯操控的关键在于确保你的自我价值不依赖于别人的认可——哪怕是上司的。对你的自我价值、表现和你对公司的价值要形成强烈清晰的认识，这对保持复原力，避免有毒的煤气灯操控至关重要。

快乐是由自己决定的
- 创造一种有活力的、没有煤气灯操控的工作关系，以及一个清晰幸福的未来。
- 重新处理、限制或离开不满意的关系，选择新的工作环境来增强自我认知、活力和快乐。
- 成为一个更强大、更有创造力、更自信的人，规划自己的道路，按照自己的价值观生活，并充分发挥自己的潜力。
- 发现你真正的需求——包括工作、家庭生活、人际关系和内心方面。摆脱煤气灯效应后，你可以做出更智慧、更适合自己的选择。
- 成为最好的自己，永远善待自己。

你就是最好的自己。

——托妮·莫里森

附录二

家庭中的煤气灯操控

家庭中的煤气灯操控是一种特殊的、令人困惑的情况。为了维系好家庭关系，大多数人甘心忍受一切。我们与家人拥有共同的经历，对家庭投入更多。我们坚信，家人会永远（或应该永远）和我们站在一起，在情感上支持我们，无条件地爱我们。而且，是他们教会我们为人处世的道理。就算事实并不是这样，切断这些关系也会让人感觉不太可能——这就像是在切断自己的一部分。

在你成长的过程中，审视家庭中的关系互动，你将摸索出让自己舒服的做法、想要做什么、可以做什么以及如何做。

最重要的是，记住对自己温柔一些。尽管家庭可能是爱的源泉，但也可能给人造成深深的情感痛苦。

案例分析——梅雷迪思总是羡慕她的表兄妹，他们穿着漂亮，上最好的学校。每当节假日相聚时，她都会拿自己和他们做比较，但每次都比不过。她知道，在他们成长的世界里，有许多事是她不懂的：金钱、关系和机会。这并不是因为梅雷迪思家不富裕，而是她自己总是无法确定这是不是正确的通往成功的人生道路。她只知道自己家的生活方式和表姐布里塔尼家的很不同。

当她坦诚面对自己的感受时，她痛恨自己的嫉妒心。

梅雷迪思觉得妈妈挺好的：风格随意，举止不拘小节，很酷；痴迷非虚构类小说，生活经验丰富。她认为妈妈不仅聪明，还很受朋友的喜爱。但她还是希望妈妈能像姨妈那样有能力、有门路，这样她们的生活就会轻松很多。

在梅雷迪思的成长过程中，她想了很多关于哪种生活方式才是对的。她忘记了思考自己的需求，而是迷失在"应该"的想法中。和姨妈交流后，不但没有帮到梅雷迪思，反而让她更加怀疑自己。

以下是她叔叔50岁生日聚会上的一个例子。

> 苏珊姨妈："梅雷迪思，见到你真高兴！"
>
> 梅雷迪思："谢谢，苏珊姨妈。好久不见！很高兴大家都来了。我喜欢你的项链。"
>
> 苏珊姨妈："我真的很佩服你们，梅雷迪思，你和你妈真是毫不在乎自己的穿着！你看你，穿着运动服。这才是真正的自由。"
>
> 梅雷迪思："谢……谢谢苏珊姨妈。"（梅雷迪思想了半天，想知道这算是好，还是不好。）
>
> 苏珊姨妈："梅雷迪思，我跟你说的都是实话，相信我。你真的非常不在意穿着。如果在意的话，你就会穿得不一样。你真的很幸运。"

可是……梅雷迪思想："我很在意，我非常在意。但她却因为我的穿着，说我不在意。我以前觉得她在胡说，但也许她说的对。但为什么我感觉这么不舒服呢？"

我们都在家庭中长大，但家庭可以是千差万别的。单亲家庭、两个妈妈的家庭、由奶奶抚养长大的家庭、没有血缘关系的家庭——家庭模式各不相同。在这些家庭中，存在各种类型的关系：亲密而挑剔的关系、亲密而扶持的关系、不可预测的关系、疏离却温暖的关系、疏远而冷漠的关系。

这些关系中，有些是帮我们成为自己，用自己的视角看世界；有些则不然。

家庭中的煤气灯操控是怎样的？

1. 它看上去很有权力："我是你妈，我告诉你……"

2. 它看起来很有道理："不好意思……这个家里，还是我有资格……"

3. 它看起来很有重复性："我得说多少次你才能相信我？看看你那猪窝一样的房间。"

4. 它感觉像是羞辱："为什么今晚一定要坐这个车？学校里根本没人在乎你去不去。"

5. 它感觉不太稳定："我从没这么说过。你在撒谎——没人喜欢骗子。"

6. 它感觉在轻描淡写："你是不是有毛病？……我做了又怎样？有什么大不了的——你太敏感了。"

7. 它感觉像是直接攻击:"你是不是笨?你太没主见了。"

> **结合自己说说看**
>
> 在你的家庭中,煤气灯操控是一种怎样的感觉?
> _____
> _____

家庭煤气灯操控的三个阶段

在家庭中,煤气灯操控阶段有所不同,它不像你成年后第一次和某人交往,他们的言行会让你踌躇。事实上,家庭里的煤气灯操控通常没有阶段之分——它可能就像空气。当你长大到足以思考和做出回应时,你可能已经在和父母、兄弟姐妹或亲戚跳煤气灯探戈了。或者,你可能已经被父母教导为容易自我怀疑的人,需要通过他们才能分辨真相。

父母和看护人框定并控制着孩子生活的世界。他们告诉孩子如何理解周围的环境;他们定义什么是现实,什么不是现实。孩子依靠父母,从他们的对话和言行中,弄清和了解这个世界是如何运转的,人们是如何生活的。

而正是这些人(爸妈以及其他抚养你长大的人)教你认识自己、爱自己、关心自己,也正是这些人,通过掌控你们之间的人际互动,来化解他们的焦虑,有时是(在不知情的情况下)对你进行煤气灯操控,破坏你的体验和现实感。

煤气灯操控有时可能是这样的:

- "你不讨厌你的弟弟,你爱他!"
- "你连寒冷的天气都不喜欢,你不会喜欢滑冰的"。
- "你是个安静的人,你不会喜欢朱迪,她太外向了,不适合你"。
- "你今晚并非真的想待在家里。你只是忘了和米莉阿姨在一起有多开心。"

或者是更具摧毁性的:

- "那所学校不适合你,聪明的孩子才能去那所学校,比如你姐姐。你不属于那所学校。"
- "你也许骗得了他们,但骗不了我们,你一无是处。"

结合自己说说看

你听到过哪些让你觉得无所适从的话?或者有哪些话让你产生了自我怀疑?

_____

_____

让我们看看那些陪你长大的人——家庭中的煤气灯操控者可能对你关爱有加、嘘寒问暖。有时，他们强势、吓人；有时，他们稳重、可靠。他们可能是慈爱的妈妈、风趣的爸爸、体贴的奶奶、乐观的姐姐、好奇的阿姨——但他们总是固执己见，认为自己的真实经历就是世界的运转方式，是人们应该有的生活方式，也是你该有的生活方式。

你的家庭关系图

让我们画一张家庭关系图。社会关系图直观地描绘了一个群体在特定时间点的关系，在本案例中，我们画的是你个人的家庭关系图。

根据情感的亲密程度和重要程度，将这些关系按距离远近排序。家庭关系图能够提供更多相关信息（你的人际交往圈、活跃的社交圈以及每个人带给你的感受）。

准备、构思、画：准备好绘画工具，开始绘制家庭关系图。按以下步骤。

- ✓ 你可以使用颜色、大小、距离等方式美化你的圆圈和线条，以体现这段关系给你带来的真实感受以及互动的频率或强度。
- ✓ 首先，在页面正中央画上自己。可以用圆圈、其他形状、线描或简单的文字来代表自己。

✓ 然后开始画圆圈（里面写上名字），代表你不由自主就能想到的家庭关系（不必想太多，像无意识写作那样）。
✓ 在你周围画上他们，根据你现在对他们的感觉，决定他们和你的距离。
✓ 现在，在你和他们之间画上一条条富有表现力和方向感的线。
✓ 继续画，直到你感到满意为止，让这幅图富有生命力。
✓ 现在，退后一步，看看你的画。观察每个人跟你距离的远近，留意你对这些位置的感觉。
✓ 然后想象你正飘浮在高空，从你的热气球上观察你的家庭关系图。允许自己的回忆不断浮现，回忆那些让你决定图上大小远近关系的具体互动和感受。

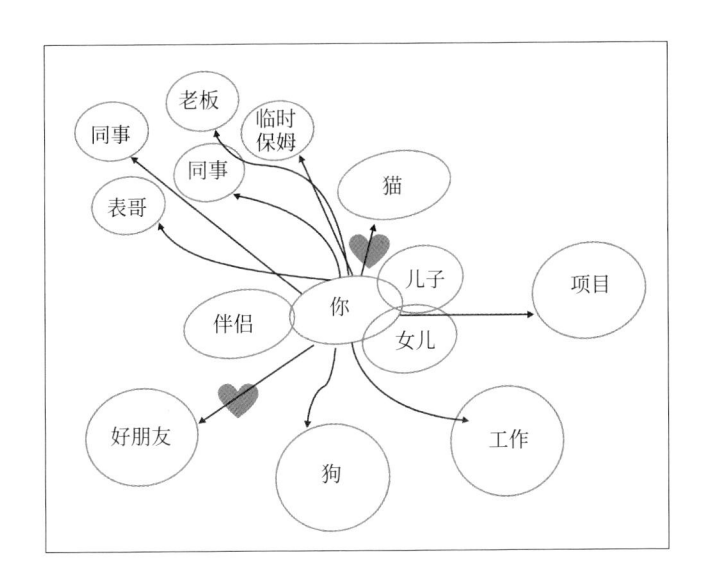

在画画时，请思考以下几点：想想你成长的家庭，是谁支持你坚持自己和自己对现实的看法？哪些人挑战了你的现实感、信念和观点？

写在这里：

拆解你的家庭关系图——退后一步看看。画在你周围的人，都在准确的位置上吗？想一下，你希望他们离你更近还是更远？你怎样做才能实现你的期望？

你可能正处于家庭中的煤气灯操控关系的迹象

- 父母或亲戚对你的看法和你对自己的看法不一致，他们很喜欢告诉你。
- 兄弟姐妹不断指责你的行为或态度，而你却不认为自己有这种行为或态度。
- 兄弟姐妹对这段关系有一种你并不认可的想象，而他们却觉得你也应该那样认为。
- 兄弟姐妹还在把你当成孩子对待。如果你是年龄最小的，他们对你的方式就好像你还是个婴儿；如果你是年龄最大的，他们的行为就好像你还在管着他们。
- 你经常为自己辩解。
- 你觉得自己好像永远做得不够好。
- 你觉得自己是个贪心的坏孩子。
- 你发现自己经常感到内疚。

家庭中的煤气灯操控案例：公交车上的妈妈

前段时间，我在公交车上目睹了一次煤气灯操控式的互动，让我感到无助和可悲。我在想，会不会有一天，孩子会听到另一种声音——一种肯定或支持他坚持自我的声音。

> 妈妈："坐好。你怎么了？"
>
> 小男孩：（翻书包）"我只是……"
>
> 妈妈："别胡闹。我告诉过你不要发出任何声音，坐在你的座位上！"
>
> 小男孩："可是妈妈，我饿了。我只是在找糖。我好饿。"（继续找）
>
> 妈妈："你有毛病啊。你太不听话了，好孩子都很听话！"
>
> 小男孩："可是妈妈，我想吃块糖，我只想吃点东西。"
>
> 妈妈："好孩子要听话。你听明白了吗？你不是好孩子，好孩子会听话。"

这个案例说明了什么？小男孩不是好孩子，因为好孩子会听话，而他不听话。他妈妈是这么说的，这是她对事实的看法。那他自己是怎么看的？因为他妈妈（他深深信任的人）说这是真的，所以这就一定是真的。

小时候的声音

人的童年，充满了来自父母、祖父母、兄弟姐妹和大家庭其他成员直接或间接的信息。家人告诉你的信息会影响你告诉自己的信息。这样，消极的对话就会变成消极的自我对话，如果不刻意将消极的自我对话转变为积极的自我对话，那么成年后的每一天（有时在早上起床前），你都会贬低自己。

"你是漂亮的女孩——你姐姐是聪明的女孩。"

自我对话——"我不聪明。"

"你太懒了——你不会有什么成就的。"

自我对话——"我很懒，我需要更努力。"

"看看你自己。别再吃冰激凌了。"

自我对话——"我太肥了。"

"你一文不值——大家都知道。"

自我对话——"我一文不值。"

"你太自私了——没人爱你"。

自我对话——"我不值得被爱。"

"你太吵了，一点儿都不淑女。"

自我对话——"我太吵了。"

结合自己，写下第一个想法。我想请你现在写下脑海里出现的第一个想法，关于你是谁，以及你的感受。不要想太多。就像无意识写作，让这些想法自由地涌现，不要在脑海中进行编辑。

自我对话 —— 我是 _____

自我对话 —— 我是 _____

自我对话 —— 我是 _____

自我对话 —— 我是 _____

自我对话 —— 我是 _____

自我对话 —— 我是 _____

我们从小就开始自我对话，不仅把父母告诉我们关于自己的一切（好的和坏的）整合在一起，而且还把周围其他人对我们的评价整合在一起。这些信念成为我们自我形象的一部分，一直延续到成年。

可悲的是，我们中的一些人在煤气灯操控下，相信了一些关于我们自己的事，而这些事一开始可能是父母故意操控的。为了管教和控制我们的行为，他们会在不经意间，让我们减少些令人烦心的行为。

比如，为了减少你的负面情绪，妈妈会说："你没受伤，你只是感觉暴躁和饥饿。"

另外，为了建立你的自信心，父母可能会不断告诉你，你是多么聪明。例如："你很聪明！别担心，大家会知道你有多聪明的！"

如果你相信他们的话，你就会在不经意间被灌输了一种错误的自我意识，从而进入一个勤奋工作、竞争激烈的世界。也许，你知道自己并不聪明，感觉自己不够格，患上"冒名顶替综合征"。

自我对话案例：煤气灯被操控者的自我对话

"这是真的，我很爱挑毛病。"

"我就是我，我就是完美的，如果你看不到，那一定是你的问题。"

"我不懂倾听，虽然我以为我在听。"

"我天资聪颖，为什么还要努力呢？"

"我懒。"

"我笨。"

"我的美貌可以让我得到我想要的。"

"我不够聪明。"

"我是最聪明的。"

"我极具创造力，这意味着我无法进入名校。"

"没人会爱这样的我。"

"我永远也赶不上我那些聪明强壮的哥哥。"

"谁都受不了我这样的。"

"谁碰上我谁倒霉。"

"我脑子有问题。"

"我不好，我不正常。"

> "我太自我，让人讨厌"。
>
> "我很无趣。"
>
> "我不性感 / 不漂亮 / 没有魅力。"
>
> "没人真的关心我——只有他。"

结合自己说说：直到现在还在你耳边响起的小时候听到的话。关于你是谁，父母是怎么说的？

_____

_____

你还记得小时候听到的那些话吗？

_____

_____

这些声音来自哪里？

_____

_____

你是否至今仍在用自我对话的方式，循环回放这些话？是 / 否 作为成年人，这些声音对你现在的生活有何影响？这些话如何影响着你的行为？

_____

_____

你如何把那些自我批评的话，转化为积极的想法？

从 "在数字和做预算方面，我太差了。"

到"我比以前进步太多了。我会继续努力,想办法让它们变得有趣"。

从 _____
到 _____
从 _____
到 _____
从 _____
到 _____
从 _____
到 _____

识别煤气灯操控,让我们有可能更清楚地看到操控行为,并主动去改变。

奶奶:"下周末大家都会来帮我。我一直指望你,斯泰西。你让我很失望,我不会忘的。"

斯泰西:"你知道我真的很想来,我一定尽力。如果时间没有冲突,我完全能帮上忙。我不觉得我自私,我只是很忙,你之前也没告诉过我。"

奶奶:"你不觉得自己自私吗?下周末我需要你,而不是你想来就来。我跟你说过好多次了。你总是自私地先考虑自己,不是吗?"

斯泰西接受了这一指责——毕竟，她出于自私，没有替奶奶着想。她开始这样想自己。过了好几个月，在心理咨询师的帮助下，她才放下想让奶奶改变看法的执念，坚定地认为自己并不自私，即使奶奶说她自私。

通过识别煤气灯操控，她看清了事情，不再把它放在心上。理想状态下，她很想坦诚地和奶奶聊聊这种操控互动，但她知道这不可能。相反，她认为，当奶奶变得讨厌或挑剔时，她能以同情的眼光来看待它了。例如，她可能会对自己说："奶奶控制不住自己，她不知道如何应对失望。为了家庭和睦，我不会在乎。"

记住，更深入地了解引发煤气灯操控的动机是很有用的。

- **当你与他们意见相左时**——请记住，他们的立场极其坚定。
- **当你让他们失望时**——他们更容易指责你并对你进行煤气灯操控，对他们来说，责备你比面对真正的失望更容易。
- **当你的亲戚想逃避或否认责任时**——也许他们承诺得太多，不想面对这个问题。
- **当他们感到被指责或犯错时**——指责你（你的理智、性格等），比承担责任更容易。
- **当他们感到焦虑和失控时**——他们需要重新操控你。

积极的重新评价

让我们再看一下积极的重新评价。简单给自己讲一个新故事，帮你用更积极的眼光看待这种情况，就能改变潜在负面情况的情绪影响。

重新评价不仅能让我们感觉更好、更积极，它也是一种有益的社交策略，可以从他人的反应中获得回馈。

让我们以乔迪的故事为例。

乔迪在电影院排队等她的姐姐唐娜。唐娜迟到了将近45分钟，乔迪已经买好票，而电影马上就要开始了。乔迪很生气："她总是这样，太不为别人着想了，以为全世界都得围着她转。"乔迪情绪激动。她深吸一口气，冷静下来，扭转了呼吸急促、脸颊泛红、手心出汗等由于情绪而产生的生理影响。乔迪决定给自己讲一个新故事。

"我感到生气和不耐烦，但我知道见到她我会很高兴，她是我的姐姐——向来如此，即使她迟到，我也总是很喜欢我们在一起的时光。"

乔迪采用了一种有效的策略，把自己切换到一种更愉快的情绪状态。当唐娜出现时，乔迪什么也没说，两人都很享受看电影吃比萨的时光。

但是，如果我们更仔细地观察乔迪的情况，我们就会发现，积极的重新评价是如何导致滑坡效应，甚至助长了不良行为。

这已经是乔迪无数次验证的事实，她甚至记不清自己等了多少次，但她记得自己花在门票和饮料上的钱，就为了和难约的唐娜聚聚。她非常厌倦同样的情况。那天是看电影，但这种情况已经发生很多次，去看脱口秀、去咖啡馆，甚至在等火车去度假时。在这一点上，她无法给自己讲一个更积极的故事。更离谱的是，唐娜抵达后竟然说是乔迪太着急了，对她进行煤气灯操控。

但乔迪决定再采取一次重新评估策略。她平息了对唐娜的愤怒，那一刻确实感觉好多了。但她意识到，再约唐娜时，她不像以前那么开心、积极了。她反思了她们永远是一家人的现实，她知道姐姐被宠坏了，唐娜想让每个人的生活都围着她转。

目前来看，对乔迪来说，控制好自己与姐姐相处的时间是有效的。

家庭的河流故事

过去的力量：可视化

请你看一下，家庭的河流故事中的一些关键时刻。请在脑海中回到你的幼年时期，回想你的生命之河中从那时起直到今天的关键时刻。根据下面的指导，看看你的内在现实受到鼓励或否定的时刻。

你的关键时刻可能很简单，比如妈妈告诉 7 岁的你"你不饿"，即使你认为自己饿了。

让自己回想一下童年和家庭成长经历——从你记事起一直到现在。

特写：旅程的第 1 部分

- 在左下角写下你的出生日期，在右上角写下今天的日期。
- 接下来，在出生日期和今天的日期之间，画出一条生命之河。它可以是一条直线，也可以有很多曲折，可以有支流，也可以没有支流——这是你的决定。
- 现在，闭上眼睛（如果舒服的话）或只是垂目向下，想象你在河岸上并进入一艘即将飘浮在水面 6 米以上的气垫船。你将乘坐气垫船，沿着你从出生到现在的生命之河旅行。
- 当你飘浮时，注意水面下的试金石，让它们代表你家庭生活中的那些决定性时刻，在这些时刻，你的看法和感受要么受到鼓励，要么受到压制。请注意那些铭刻在记忆中的决定性时刻。

花几分钟留意那些决定性时刻。你有什么感觉？脑海里出现了什么？写下或画下那些时刻。

大局观：旅程的第 2 部分

- 当你感觉完整时，回到起点，想象你正坐在热气球上，从更高的角度重新审视你的旅程。
- 当你在人生的决定性时刻穿梭时，让自己记住那些你的看法和感受受到鼓励或压制的时刻的更多细节。
- 从新的角度确定其中一两个对你来说很突出的时刻。花几分钟记录这些时刻。你有什么感觉？直接影响是什么？长期影响是什么?

```
                                                              今天的日期




           你的出生日期
```

决定性时刻和你的感受

请在提供的空白处写下或画出那些铭刻在你记忆中的决定性时刻和感受。

笔记:现在,当你进一步回顾时,请找出影响了你现在的三个最突出的决定性时刻,并描述它们对你生活的影响。

这三个决定性时刻是什么?描述每个时刻的关系互动。

1. _____
   _____

2. _____

附录二　家庭中的煤气灯操控

3. _____

在这些关系互动中，你有什么感受和想法？

1. _____

2. _____

3. _____

在那一刻，你发现了关于自己的哪些信息？

1. _____

2. _____

3. _____

这些时刻对你有何影响？回到河边。这一次，乘坐热气球飘浮在高空，留意这些煤气灯操控时刻，至今对你生活产生的影响。

1. _____

2. _____

3. _____

当下摆脱煤气灯操控的步骤

如果你在这段关系中感到受伤或者极度烦恼：（请在以下思考中，选择你想要改善的特定家庭关系。）

允许你的感受——如果你感觉不舒服，就深入调查一下。

尽可能具体地描述你的感受。

_____
_____

让"空中乘务员"替你把关——让你信任的那些人为你把关，他们是建立在尊重沟通上的优质信息来源。

你的"空中乘务员"说了什么？

_____

你信赖的朋友会怎么说？

_____

逐字逐句写下一段让你感觉糟糕或无所适从的对话。

说出来吧——你没疯。在煤气灯操控下，说出你认为的事实，会让你更有可能看清它，并积极地重新评价发生的事情。

留意导致和对方出现煤气灯操控关系的触发因素。

触发因素示例：宵禁、设限、金钱、探亲、个人责任在家庭中的感受和行为等。列出触发煤气灯操控关系互动的场合、主题、评论或行为。

想想你是否愿意和煤气灯操控者讨论这种关系互动。

你想怎么做？如果你愿意谈论它，想一些你可以说的话来描述你的感受，这会积极地开启对话。比如，你可以对你的姐姐说："黛布拉，你知道我有多爱你！你永远是我的后盾。但我对你在周末晚餐时说的话有点不知所措，'你不开车接我，我就去不了……'"

结合自己说说看

你可以这样说：

_____

_____

要决定如果煤气灯操控者断然否认他们的行为或事情变得更糟，你会怎么做。

比如，你的姐姐回答："你这是瞎说——我从没说过要接你。这只是你的一厢情愿！"

结合自己说说看

你可以这样说：

_____

_____

如果你感觉这种关系互动太糟糕，请允许自己离开一段时间。你可以说些什么来停止互动或对话，为你离开房间做好准备？

结合自己说说看

你可以这样说：

_____

_____

允许自己为这种关系设置底线。列出一些有用的方法，以限制和操控者相处的时间。确保计划切实可行。

> **结合自己说说看**
>
> 你可以这样做：
>
> _____
>
> _____

对维持一段艰难关系有用的工具

积极的重新评价——如何换个角度来讲述和看待你们之间的关系互动，以建立起更积极的视角和情绪影响？

消极想法：_____

积极视角：_____

积极的自我对话——他们灌输给你的关于你自己的消极看法是什么？抛开这些，接近你内心的真实想法，表达你所知道的真实的你的积极和快乐的潜力。

消极想法：_____

积极视角：_____

明智地选择活动——列出当你想对这位家庭成员设置底线时，想参与和想避免的活动。

想参与的活动：_____

想避免参与的活动：_____

成为最好的自己——当你开始表达你的喜悦，拥抱最好的自己时，让我们来思考一下。让我们最后一次关注一下你现在的处境以及你想要的未来。想想你家庭中的煤气灯操控者，花时间反思一下你在限制或改变彼此互动方面的现状，以及你想要达到的状态。

总结练习

"我现在处于什么状态？"
_____
_____

"我希望这段关系处于什么状态？"
_____
_____

"为了实现我想要的目标，我需要采取哪些行动？"
_____
_____

"如果我实现了想要的目标，我在这段关系里会有何种感受？"
_____
_____

> "有哪些障碍阻止了我限制或改善这段关系?"
>
> _____
>
> _____
>
> "我将采取哪些措施来解决这些障碍?"
>
> _____
>
> _____

结语

在任何关系中保持无煤气灯操控的关键,是不要让你的自我价值依赖于他人的认可。你也不应该相信那些破坏心理稳定、试图改变你的信息。不管怎样,培养强大、清晰的自我意识和自我价值感,对远离煤气灯操控关系都至关重要。

家庭中的煤气灯操控可能会更加让人不知所措。这些本应该爱你、保护你的人,对你小时候的信念和自我意识的发展影响最大。煤气灯操控可能无所不在,它已经成为你的现实甚至如空气一般。或者这只是你和另一位家庭成员之间的关系互动,但无论是"为了你好"而故意操控,还是无意却有害的信息,都会削弱你的自尊,让你感到困惑和不理智。就算这种关系从未改变,你也很难摆脱这段关系,所以更重要的是,当煤气灯操控发生时,你能识别、改变或找到摆脱的办法。

快乐取决于你

- 在家中创造一种没有煤气灯操控或给煤气灯操控设限的氛围,在家里体会到更多幸福感和安全感。
- 识别、改变或疏远让人失去自我的家庭关系。花更多时间和家人在一起来增强自我认知、活力和快乐。
- 成为一个更强大、更有创造力、更自信的人,一个能够规划自己人生、按自己的价值观生活的人。
- 从你的家庭生活、家庭关系和自己身上,发现你真正的需求。摆脱煤气灯操控,你可以做出很多更适合自己的选择。
- 成为最好的自己,以慈悲之心对待自己和他人。

附录三

照顾好你的心身健康

获得治疗和其他帮助

如果你觉得已经准备好想要改变（或至少多了解一下可供自己的选择），你可能想要获得一些帮助。你也许不知道自己想要什么，但你知道自己不快乐、不舒服，需要一些空间厘清头绪。作为一名治疗师，我的建议如下。

- 心理咨询或心理治疗是支持你进行自我探索和成长的一种方式。治疗有时会让人沮丧和痛苦（好转并不总是意味着马上感觉好起来），但它可能是一种心灵滋养和支持。没什么能比得上留出空间和时间，让别人倾听你的心声更好了；没什么比知道别人理解你的担忧，并努力帮你实现目标更让人欣慰的了。
- 考虑寻求其他类型的帮助者或支持者。虽然生活教练通常没接受过治疗师的培训，但可以很好地帮你确定目标，并在你采取具体措施实现目标的过程中为你提供支持。
- 无论你选择哪种支持方式,我都建议你向朋友和亲人伸出援手,至少求助你信任的人,他们会把你的最大利益放在心上,并对你的处境有清晰的认识(有时很难找到同时符合这两个条件的人)。但有时,即使是最好的朋友也是不够的。这时,你需要生活之外的旁观者,帮助你确定下一阶段的旅程。治疗师或其他类型的帮助者,可以成为帮你找到回归之路的"局外人"。

抗压、抗抑郁食谱

在煤气灯操控关系里苦苦挣扎的人经常会受到压力和(或)抑郁的困扰。在你努力搞清楚状况、思考如何应对的过程中,照顾好自己是非常重要的。你可以咨询营养师,也可以试试下面这个抗压、抗抑郁食谱,它或许能够帮助你更清晰地思考,给予你更多的力量。

- 一日三餐,外加两次零食。如果血糖低了,你会感到困惑、无助,所以至少每隔 3 个小时吃点东西,以便保持良好的精神状态。确保每顿饭和每次零食都能吃一些含有优质蛋白的食品,比如瘦肉、鱼、蛋、低脂乳制品或豆腐。
- 食用大量的全谷物食品、豆类食品、低脂乳制品、新鲜水果和蔬菜。谷物食品、豆类食品和乳制品能够帮助大脑产生血清素以及一些能够帮助你抵抗抑郁、增强自信、给你力量的重要的激素。新鲜水果和蔬菜则为大脑提供关键的维生素和矿物质，让你可以清晰地思考。
- 确保摄入足够的 Omega-3 脂肪酸。Omega-3 脂肪酸在鱼类和亚麻籽里比较常见。相关研究发现，它可以非常有效地抵抗抑郁症状。与此同时，它辅助产生的激素会提升你的自信心，让你感到充满希望，并且拥有更多力量。

如果需要更多饮食方面的帮助，我建议你看一看亨利·埃蒙斯和雷切尔·克兰兹合著的《快乐的化学因子》，以及凯瑟琳·德斯·梅森斯的《土豆不是百忧解》。

保证充足睡眠，积蓄能量，改善情绪

睡眠很重要，压力大的时候更是如此。你需要动用一切资源来对抗煤气灯操控，所以请确保每晚至少睡足 8 小时。如果你很难入睡，或者睡眠很浅，可以试着养成一个在睡前平缓情绪的习惯；避开咖啡因和其他刺激性食物，不要饮酒，哪怕白天也是如此；睡前一小时左右吃一份相对健康的碳水化合物点心（如牛奶、水果、坚果、麦片、全麦面包或糙米），或者服用一些天然的助眠剂，如缬草或褪黑素。

大多数美国人都睡眠不足，他们每晚的实际睡眠时间比自己身体需要的起码少一小时。改善睡眠模式会增强你的能量，使你能够更清晰地思考，然后采取新的行动。但是，如果你每天的睡眠时间超过 10 个甚至 11 个小时，你也要把它缩短到八九个小时。有时，过度睡眠会加重抑郁，造成反应迟缓和身体倦怠的情况。

坚持体育锻炼，积蓄能量，改善情绪

锻炼带来的好处是巨大的。它可以释放你的压力，产生有益于脑健康的激素，改善睡眠，并逐渐增强自我意识和自尊感。试试每天给自己留出至少 15 分钟时间做有氧运动，轻快地散步即可。如果可以，每天走 30 分钟，每周 5 天。如果这对你来说是个不可能达到的目标，可以先从比较小的目标开始。哪怕每天只走 5 分钟也会让你的感觉变好一些。如果你已经在定期锻炼，那就再好不过了！这是你在平衡大脑化学反应、保持情绪稳定和自我认知的道路上跨出的积极的一步。

激素周期和抗抑郁药物

我们身体和大脑的化学反应很大程度上会影响我们的情绪，所以我建议你多注意饮食、锻炼、睡眠和其他会影响情绪的身体因素。你也可以思考一下激素是如何影响精神和情绪状态的。有些女性在经期前或排卵期的情绪波动较大，而这些时候，你往往对改变自己的处境感到特别绝望，或极其迫切地想做出改变。处在激素的不同周期，你可能会对是否要做出改变摇摆不定。很多女性在绝经前和更年期会产生较大的激素波动，经历特别强烈的情绪变化。

如果你感觉激素失调让你更难看清自己的处境，你可以向内科医生求助，或者咨询使用非传统治疗方式的专业人士。医生可以开激素替代物或其他类型的补充剂处方。自然疗法医师、营养学家或草药治疗师（包括很多中医针灸医生和印度草药疗法的专科医生）会建议你服用某些有助于调节激素的天然产品。

如果你觉得自己大脑混沌、情绪紊乱，你可以考虑找内科医生或精神科医生开些抗抑郁药。当然，只吃抗抑郁药肯定不行，必须同时结合有助于大脑健康的饮食和运动，就像我前文提到的那些。抗抑郁药必须在医生的指导下服用，而且绝不能作为长期的解决办法。但它们确实能给你带来一些短期的喘息空间，让你有机会带着更强大、更乐观的态度感受生活。

关于正念

和煤气灯效应斗争可能会让人精疲力竭、耗光能量、无所适从。培养正念并让它成为日常生活的一部分（甚至是睡前习惯），可以提高你的整体幸福感。正念要求你在当下注意力集中——接受并注意自己此时此刻的想法和感受，不带任何评判。正念可以帮你降低生理激活阈限，提高头脑清晰度，鼓舞你用更大的眼界看待人生，这与煤气灯操控形成鲜明对比。后者会让我们陷入模糊不清的胡思乱想，无法自拔。正念这一概念源自佛教，如今非常流行，不仅在个人或团体中，而且在学校、工作场所、水疗中心和健身房也很受欢迎。许多人在家里设置了正念冥想角或单独的冥想室。许多正念练习包括平心静气，自然地呼吸，同时将注意力集中在一句话或一种感觉，然后再回到呼吸上。几十年来，研究人员一直在研究冥想对身体、心理和情绪健康的益处。我最喜欢的练习是莎伦·扎尔茨贝格的"慈爱冥想"，本书中多次提到。慈爱冥想让我内心更安静，对他人充满愉悦坦诚的爱和善意。我强烈推荐它，花点时间静下心来，关注自己的感受，向自己和他人表达同情，这样做没有任何坏处。

附录四

快速指南

什么是煤气灯操控？（第 3 页）

煤气灯操控是一种隐秘的、变相的情感虐待，长期不断重复。操控者会诱导目标对象怀疑自己的判断、对事实的看法，在一些极端案例中，被操控者甚至会怀疑自己是不是疯了。煤气灯操控是一种心理操控，在这种操控中，煤气灯操控者（关系中更有权力的那位）试图让你认为你记错了、误会了或曲解了你自己的行为或动机，从而让你产生自我怀疑，变得脆弱、惶惑。

煤气灯效应一定发生在一段双人互动关系中：

- 一方是煤气灯操控者，需要确保自己凡事都正确，以此维护自我认知和在世界的权利控制。
- 另一方是煤气灯被操控者，她默许煤气灯操控者来定义她的现实世界，把对方过度理想化，总是渴望得到对方的认可。你觉得自己正陷入困惑和自我怀疑，但为什么会这样？是什么让你突然开始质疑自己？一个所谓关心你的人，又怎么会让你感觉如此糟糕？

煤气灯操控的三个阶段（第9页）

煤气灯操控是循序渐进的。一开始，操控的程度比较浅，你甚至都注意不到。但总有一天，它会占据你的思想，击溃你的情绪，主宰你的生活。最终，你会彻底陷入抑郁，甚至忘记曾经的自己，丧失自我和自己的想法。当然，不是每个人都会经历这三个阶段，但对大多数易受他人影响的人来说，一旦被煤气灯操控，情况只会越来越糟。

第一阶段：质疑

你简直不敢相信伴侣说的这些昏话和对你的种种指责。但随着对方不断强调其正确性，并打压你的信心，你开始自我怀疑。

第二阶段：辩解

你不断为自己辩解，反复回味和对方之间的对话。到底谁对谁错？你产生了不辞而别的想法。

第三阶段：压抑

当被煤气灯操控久了之后，你不再是这段关系刚开始时的那个人了。你会更加孤僻、压抑，不想和别人谈论自己的感情生活。为了避免受伤，你会尽可能地附和煤气灯操控者。在这个阶段，你往往已经认可对方对你的扭曲和批判。

煤气灯操控者的三种类型（第 11 页）

1. **"魅力型"煤气灯操控者**——当他们为你创造了一个特别的世界时。他们拒绝为自己的伤害性或轻率性行为承担责任，同时传递出相互矛盾的信息，即你必须接受并享受他们看似慷慨和浪漫的举动。

2. **"好人型"煤气灯操控者**——当你也说不清到底出了什么问题时。"好人型"煤气灯操控者会以他们想要的目的行事，但同时会让你相信你得到了你想要的东西。

3. **"威胁型"煤气灯操控者**——当他们霸凌、愧疚和拒绝给予时。这种煤气灯操控者需要在任何话题中被认为是绝对正确的。当他们感到被挑战时，就会引发情绪末日启示录——大喊大叫、侮辱和鲁莽行为的可怕组合，让被操控者感到害怕和困惑。

煤气灯探戈（第 33 页）

煤气灯操控关系一定离不开双方的积极参与。只要你不再争输赢不再劝对方讲道理，不再证明你是对的，你就能马上结束这段探戈。当然，你也可以直接选择退出，不再认为你能改变煤气灯操控者对你的看法。

让我们仔细看看"煤气灯探戈"的复杂步骤。

第一步：煤气灯探戈通常始于操控者坚持认为某件事情是真的，而你却深知那是假的。比如"你知道你记性很差，你自己知道！"

第二步：只有当被操控者有意无意地试图迎合操控者，或希望操控者以自己的方式看待问题时，煤气灯操控才会发生，因为被操控者极度渴望得到操控者的认可。比如"我记性没有不好！我从没错过约会！你怎么能这么说？我从没迟到过！"

第三步：当被操控者精疲力竭后，他们不再坚持自己的想法，反而试图通过妥协跟对方站在同一立场，以此赢得操控者的认可。绝大多数情况下，他们会通过主动让步来改变自己。

我们为何继续逆来顺受？

- 害怕遭遇情感末日
- 潜意识中的趋同心理

解释陷阱（第78页）

"解释陷阱"即想方设法掩饰那些困扰你的行为，包括煤气灯操控。你会找到看似合理的解释向自己证明这些危险信号并不危险。

你只是在选择性地看待他的行为,哪些可以解释,哪些你故意视而不见。先不急着回应,留意你的行为、感受和动机,问问自己,是不是陷入了解释陷阱。

以下是你可能陷入"解释陷阱"的四种方式。

1. "与他无关,都是我的错。"
2. "他感觉很抱歉。"
3. "无论他怎样,我都不会被影响。"
4. "无条件的爱"

停止煤气灯探戈(第 88 页)

以下这些建议,在任何阶段的煤气灯操控都有效,但在第一阶段尤其有效。

- 不要问自己:"谁是对的?"问问自己:"我喜欢被这样对待吗?"
- 不要担心自己"好不好",因为你已经足够好了。
- 事实性的东西无须争论
- 始终坚守自我认知

我们为什么没有选择离开？（第 149 页）

人们留在煤气灯操控关系中的六个主要原因如下。

1. 物质考量。
2. 害怕被抛弃和孤独。
3. 害怕丢人。
4. 害怕羞耻感。
5. 幻想的力量。
6. 精疲力竭。

那些容易受到煤气灯操控的人，往往会被三种幻想驱动。

1. 煤气灯操控者成了我们现在唯一的支持者。
2. 如果他没有给我们我们所需要的，我们也相信自己能够改变他们。
3. 无论他们的表现有多糟糕，都不重要，因为我们足够强大（或足够宽容、足够耐心）到可以改变这种局面。

关掉煤气灯（第 167 页）

这里有五种改变办法，可以试试改变你和煤气灯操控者的关系。

1. 分清事实和曲解。
2. 判断两人的对话是否涉及权力的争夺,如果是,就退出。
3. 识别你们各自触发煤气灯的言行。
4. 关注你的感受,而不是对和错。
5. 切记,你无法控制任何人的意见,即使你说的是对的!

选择下一步——确定你的目标(第221页)

改变——你是否打算从从内部调整煤气灯操控的关系?

限制——你是否打算给煤气灯操控关系设限?

离开——你是否打算摆脱煤气灯操控关系?

致谢

我打心底里要感谢的人不计其数，多年来你们同我分享自己的故事、对话，贡献了智慧和专业知识。是你们让我意识到并执着于要向大众科普如何识别煤气灯操控和心理操控，以及如何从中康复，得到更好地成长。

我感到非常幸运，结识了优秀的文学经纪人理查德·派恩，不仅认可我关于煤气灯操控的想法，而且坚信人类内心有从摧毁灵魂的禁锢中治愈的能力。他本身就是一个了不起的榜样，证明了重视他人想法和智慧的意义，以及被爱包围的人是如何得到治愈的。我同样要感谢伊丽莎·罗思坦，以及过去几年她对我在煤气灯操控方面的工作所投入的时间、关心、周到的照顾和支持。

如果没有罗代尔出版社的优秀团队，这本书就不会问世：黛安娜·巴罗尼批准了《如何摆脱煤气灯操控》的出版；米歇尔·伊尼克莱里科和我一起，对原稿进行深入、细致、持续不断的编审，并确信本书可以提升自我、治愈自我；还有爱莱希亚·梁，是她指导我完成本书的架构。也要感谢奥黛特·弗莱明、塔米·布莱克、萨莉安妮·麦卡廷、雅基·丹尼尔斯，以及其他支持本书出版的人。

非常感激我亲爱的朋友和顾问海伦·丘尔科，你总是倾听我内心的想法，以及我通过来访者的眼睛看到的世界。你如此有天赋，永远能帮我指明每一条道路。

非常感谢我亲爱的朋友和合作者辛西娅·迪克森-斯科特，她有把文字转化为互动体验的非凡技巧和独创性；也要感谢克里斯·斯科特，他在自我心理学和同理心方面深入、广泛的研究和著作，为本书中更深层次的心理学见解奠定了基础。非常感激你们。

由衷感谢"煤气灯效应"播客团队：瑞安·尚科科、加布丽埃勒·卡阿加丝、迈克尔·伦兹、萨拉尔·科朗吉。谢谢Omaginarium公司的苏森·佩蒂特和马库斯·埃斯特维夫做的数字推广。谢谢你们相信书中的力量，你们专业的知识和技能吸引了越来越多的观众，你们用心的设计元素，把煤气灯效应的知识带给世界各地更多的人。

感谢许多记者和播客，在国内外掀起了"煤气灯操控"话题，尤其是玛丽亚·施赖弗主持的《今日》；哈拉·玛拉诺和卡娅·佩里纳在《今日心理学》杂志中重点介绍了我的博客；吉米·芬克尔斯坦把我推荐给《改变美国》(*Changing America*)和《国会山报》(*The Hill*)——谢谢多年来给予我和耶鲁大学情绪智力中心机会发表作品；也感谢OpEd项目创始人凯蒂·奥伦斯坦，让我能不断学习写作；谢谢珍·穆勒这么多年来，一直出色地编辑我的作品；还有沃克斯媒体，谢谢你们在2019年发表了我关于煤气灯操控的文章。

自 2007 年《煤气灯效应》出版以来，我结识了许多优秀的同事，他们成了我一辈子的朋友。感谢劳拉·阿图西奥博士、安德里亚·波特拉和达芙妮，用心和音乐领导我们在意大利的工作；感谢戴安娜·迪维查博士，多年来就生活、情感、养育、沟通等问题，同我进行的深入探讨和共同写作；感谢德尼丝·丹尼尔斯，创建了穆德斯特斯家庭基金会，开启提供人道主义援助的机会；感谢莱斯利·乌德温创立了平等思考（Think Equal）；还有杰米·洛克伍德，谢谢这么多年来和我一起聊天、一起寻找乐趣、一起旅行。

我非常感谢耶鲁大学情绪智力中心的每个人，你们的精神、远见和热情，让改变世界的工作每天都充满乐趣。尤其是我们中心的主任、我的同事兼挚友马克·布拉克特博士及其家人霍拉西奥·马基内斯、艾琳·克雷斯皮、图蒂以及佩克。我非常感恩能有机会和米歇尔·卢戈、玛丽亚姆·科朗吉、达妮卡·凯利、尼基·埃尔伯特森、珍妮弗·艾伦博士、佐拉娜·普林格尔博士、凯瑟琳·李、克里斯蒂娜·西普里亚诺博士、坦格尔·厄比、琳达·托芙、佐耶·萨特、查伦·沃伊斯、吉姆·哈根、克雷格·贝利博士、杰茜卡·霍夫曼博士、朱莉·麦加里等优秀的工作人员和咨询师共事。深深感谢所有的顾问，尤其是中心的守护者、导师查利·埃利斯，多年来分享的智慧；还有我们前常务主任斯科特·利维，多年来帮助我们取得进步；还要感谢弗兰·拉比诺维茨，在领导管理方面给出的真知灼见。

衷心感谢耶鲁纽黑文斯米洛癌症医院，以及耶鲁纽黑文儿童医院的所有护士和医生，在过去充满挑战的日子里，能和你们中的许多人一起工作是我的荣幸——你们的坚韧和力量鼓舞人心，尤其要致谢已故的凯西·莱昂斯、罗伊·赫布斯特博士、玛丽安娜·哈特菲尔德、林恩·谢尔曼、丹宁·巴克斯特，以及他们所领导的团队和员工。

感谢切切·利普顿、汉娜·侯赛因、汉娜·赫布斯特和克丽丝塔·史密斯，她们是我在撰写本书期间的年轻女同事，为情商科学贡献了许多原创想法，让我了解了很多煤气灯操控方面的信息，以及心理安全对于世界的意义。

感谢这些年来我所有的来访者和学生——你们分享的想法、感受、梦想以及挑战，让我深深感动。你们都是自己生命中勇敢的战士，你们也都是我的老师。

在同事和朋友的帮助下，我深入思考如何利用艺术来突出煤气灯操控的破坏性影响以及治愈的力量，并完成了关于煤气灯操控、治疗以及复原力的一些令人惊喜且有意义的项目。谢谢艾伦·马拉纳斯，他现在正在写电影剧本。谢谢塔克让我参与你的歌曲《不由自主》，并录制了很有意思的说唱部分。

在过去几年里，有很多人——朋友和同事——成为我核心圈子的一部分，我和他们就煤气灯操控、情感虐待关系以及康复进行了特别有意义的对谈：由衷感谢芭芭拉·温斯顿、斯蒂芬妮·沃尔科夫·温斯顿、帕梅拉·格罗斯、海迪·布鲁克斯博士、乔治·博纳诺博士、肯尼·贝克尔、埃琳·索利斯、罗宾·伯恩斯坦、珍妮特·帕蒂博士、琳达·兰蒂耶里、温德·雅格·海曼、塔拉·布拉科、若莉·罗伯茨、安迪·法斯、凯瑟琳·鲁佩、德布拉·罗森茨韦格博士、特里普·埃文斯博士、莱斯·莱诺夫、克莱尔·艾德姆、米歇尔·萨维茨、朱莉·阿佩尔、杰西卡·巴克斯特、爱丽丝·福斯特博士、尼俄柏·威博士、希拉·奥尔松博士、沃克、林恩·克雷塞尔、谢利·格利德曼、罗萨娜·巴特勒、凯蒂·恩布里和苏珊·科林斯。尤其感谢琼·芬克尔斯坦，无数次与我交流关于治愈途径的话题。

如果没向多年来照顾我的孩子，并从各方面丰富了我生命的人们致以深切谢意，那这篇致谢就不算完整。向莉娜·戈登和莉莎·尼尔以及家人致以我最深的爱和谢意。感谢恩里克·米歇尔、卡门·米歇尔、拉里·赫希博士、叶米·达米萨博士以及耶鲁纽黑文医院神经病学和医学领域的医生，我们的长期家庭医生伯蒂·布雷格曼博士以及西区家庭医学中心的全体人员，感谢达米安·帕利亚和利兹·托里斯、道格·乔治、克里斯·贝穆德斯、多萝塔·博韦和克洛迪娅·瓦斯克斯、布兰登·麦克希。

如果没有我了不起的父母罗兹·斯特恩和戴夫·斯特恩，我就不可能如此幸运地写出这本书。感谢一路以来爱我、养育我、相信我、支持我的父母。如果他们知道有这么多人通过阅读我的书得到了帮助，一定会很高兴。

当然，我还要感谢带给我爱和欢笑的家人：埃里克、杰奎、贾斯汀、切尔西、索菲亚、塞奇、丹尼尔、朱莉娅、查理、莱尼、简、比利、马克斯、玛西娅、拉里、南希、鲍勃、道格、莎丽、凯特、乔纳、杰西以及佩珀，在生命中能够遇见你们所有人是我的荣幸。

感谢我了不起的丈夫梅尔，他相信我有能力选择自己想要的人生，也相信我的工作拥有治愈力。非常爱你，也非常感谢一直以来你对我工作的支持。

特别感谢我的两个好孩子斯科特和梅丽莎，他们照亮了我每天的生活，他们改变世界的决心让我满心自豪和喜悦。我感到鼓舞和开心，因为你们会懂得，让世界变得更好是一件多么令人满足的事情。